# 괴짜
## 과학자의
# 지구 멸망
# 시나리오

# 괴짜 과학자의 지구 멸망 시나리오

스코 박사, 박지선 지음

## 공삼식 (35세)

지구 멸망 연구에 빠져 「멸망의 시계추를 멈추려는 과학자의 모임」을 운영 중. 게으른 성미이나 한 가지에 꽂히면 바닥을 볼 때까지 파고든다. 그는 화학을 전공한 과학 수재! 누나 공미영의 쌍둥이 남매와 지내며 남매에게 다양한 사람을 만나게 해주고 과학을 중심으로 사회, 역사, 지리를 망라한 지식을 전수한다.

## 공훈민 (15세, 중학교 2학년)

쌍둥이 남매로 훈민이가 1분 먼저 태어나, 누가 뭐래도 오빠다. 티격태격 싸우기도 하고 동생 정음이한테 구박도 받지만 서로 의지하며 잘 지낸다. 외삼촌 삼식처럼, 좋아하는 역사에만 푹 빠져 파고들며 다른 공부는 귀찮아하는 편이다. 그러나 삼식과 지내며 과학에도 점점 흥미를 가진다.

## 공정음 (15세, 중학교 2학년)

정음이는 의사가 되고 싶은 이과 성향의 소녀다. 똑 부러지는 성격으로 수학이나 과학처럼 증명되고 답이 떨어지는 것을 좋아하며, 어떤 주장에 대해 납득되지 않으면 의문이 풀릴 때까지 캐묻는다. 게으른 삼촌과 오빠에게 늘 잔소리를 하지만, 함께 지내며 그들도 잘 아는 분야가 있다는 것에 감탄한다.

## 공미영 (40세, IT 연구원)

훈민, 정음 남매의 엄마이자 삼식의 누나. IT기업에서 연구원으로 활약하는 워킹맘이다. 사고뭉치 남동생 삼식에게 늘 잔소리를 하지만 그 누구보다 애틋한 마음을 가지고 있다. 미영이 과학을 잘하는 모습은 딸 정음이가, 역사를 좋아하는 모습은 아들 훈민이가 쏙 빼닮았다.

★ 차 례 ★

괴짜 과학자의 지구 멸망 시나리오

**시나리오 1**

## 진동, 흔들리는 판

**시나리오 2**

## 폭발, 카운트다운

**일러두기** ___ 본문에 사용된 온도 표기는 섭씨를 기준으로 합니다.

## 포효. 백발 괴물

## 변덕. 온난화와 빙기

시나리오 5

## 함정. 바다와 육지

시나리오 1

# 진동, 흔들리는 판

# 평화로운 식탁을
# 위협한 그것

"삼촌! 빨리 나와서 밥 드세요, 밥!"

정음이의 외침이 좁다란 집 안 구석구석을 뒤흔들었다. 그러나 국을 떠먹고 있던 훈민이만 사레가 들려 컥컥거릴 뿐, 삼식은 굳게 닫은 방문을 열지도 않고 들릴락 말락 한 목소리로 "어어~." 대답해 왔다.

정음이는 식탁 위에 숟가락을 던지듯 내려놓고 삼식의 방으로 쿵쿵 걸어갔다.

'이 원수 같은 삼촌, 또 인터넷에 멸망론 글이나 올리고 있겠지.'

정음이가 삼식의 모습을 상상하며 문을 열어젖히자, 아니나 다를까 눈에 들어온 것은 마른 등을 한껏 구부리고 열심히 타자를 치고 있는 삼식의 뒷모습이었다. 뒷목을 덮을 만큼 기른 장발 때문에 얼굴은 하나도 보이지 않았다.

"삼촌, 내가 밥 먹으라고 벌써 세 번 불렀거든요?"

"어~ 알았어, 정음아. 나 이것만 좀 올리고…."

삼식은 등 뒤에서 정음이 도끼눈으로 노려보고 있는 것도 모른 채, 또다시 손을 휘이 저으며 대답했다. 결국 정음이의 눈이 분노로 번쩍였다. 더 이상은 못 참아.

 짝~!

 으아악!!

두 걸음을 내달려 삼식의 등에 아주 맵고도 강렬한 스매싱을 내리꽂은 정음이었다.

"으으… 공정음, 아프다고…."

"내가 세 번 넘게 말하게 하면 안 참는다고 했죠? 그리고 좀 씻어요. 지금 대낮인데 아직도 안 씻으면 어쩌자는 거예요! 나랑 훈민 오빠 학교 다녀온 지가 언젠데! 그 요상한 가운도 좀 벗고요!"

"아, 알았어… 알았어."

"빨리 나와요. 컴퓨터 확 꺼버리기 전에."

"알겠다니까…."

맞은 부위가 아픈지 삼식은 두 손을 허우적대며 등을 문질러 댔다. 삼식은 자신이 운영하는 온라인 커뮤니티인 「멸망의 시계추를 멈추려는 과학자의 모임」에 작성하던 글을 임시 저장한 후 자리에서 일어났다. 조카한테 얻어맞은 게 억울한지 혼자 중얼거리는 모습이 애처로웠다.

손 매운 건 지 엄마 똑 닮았어.

삼식은 1분 차 쌍둥이인 공훈민, 공정음 남매의 하나뿐인 외삼촌이다. 삼식의 누나이자 남매의 엄마인 공미영이 2017년부터 3년간 해외 파견 차 미국에 가게 되면서, 남매를 삼식이 있는 경주로 보낸 것이다.

처음 이 소식을 들었을 때, 정음이는 인상을 잔뜩 찌푸렸다. 어릴 때부터 보아 온 삼촌은 한 가지에 꽂히면 걷잡을 수 없는 성격 탓에 매번 엄마를 걱정시킨 장본인이었기 때문이다. 게다가 명절에 놀러 가면 늘 지저분한 집에서 음모론이 어떻고, 멸망이 어떻고 하는 해괴망측한 이야기만 해댔으니. 똑 떨어지는 답이 있는 수학이나, 실험과 증명이 절대적인 과학을 좋아하는 정음이로서는 도무지 무슨 생각을 하는지 알 수 없는 외삼촌이 못마땅할 수밖에 없었다.

괴짜 과학자의 지구 멸망 시나리오

그런 삼식과 3년을 함께 살라니. 정음이가 인상을 찌푸릴 만도 했다. 그래도 워킹맘으로 홀로 자신과 오빠를 키우는 엄마를 응원하는 마음에 정음이는 훈민이와 함께 경주로 전학을 왔다. 다행히도 지난 10개월여 동안은 삼촌과 그럭저럭 잘 지내고 있었다. 하지만 지금처럼, 골방에 틀어박혀 밥을 먹으러 나오라고 해도 묵묵부답인 삼촌을 볼 때면 아무리 침착한 정음이도 뚜껑이 열렸다.

　"내일부터 삼촌이 밥 담당이에요. 까먹은 거 아니죠?"

　"안 까먹었어."

　"오늘까지는 설거지 담당이니까 식사 마치고 설거지하는 거 잊지 말고요."

　"오케이, 오케이~"

　"설거지하고 나면 좀 씻고요!"

　"정음아, 삼촌 밥 좀 편히 먹자…."

　삼식이 울상을 지으며 거의 애원하듯 부탁하자 그제야 정음이의 입에서 잔소리가 멈추었다. 그런 두 사람 사이에서 괜히 눈치를 보던 훈민이는 묵묵히 밥을 씹어 삼켰다. 자신보다 1분 늦게 태어난 동생이지만, 공부도 잘하고 당찬 정음이의 말에 괜히 끼어들었다간 새우 등 터지기만 할 뿐인 걸 알고 있었으니까.

　"근데 너희 오늘 집에 되게 빨리 왔다. 수요일이면 6교시까지 하는 날 아닌가?"

　"에이~ 삼촌, 오늘 수능 예비소집일이잖아요. 중학생들 오전 수

업만 하는 날이에요. 오늘 등교할 때 정음이가 말했는데 못 들었어
요?"

"삼촌이 들었겠니~? 주무시느라 못 들으셨겠지."

정음이가 날카로운 눈초리를 보이자 삼식은 괜한 걸 물어봤다
생각하고는 큼큼 헛기침으로 목을 다듬었다.

그렇게 세 사람의 평화롭고도(?) 늦은 점심 식사가 마무리될 즈
음이었다.

ㄷㄷㄷ_

갑자기 부엌 바닥이 떨리기 시작하더니 식탁이 좌우로 움직였
다. 그리고 곧이어 온 집 안이 심하게 진동했다. 식탁 위에 있던 정
음이의 밥공기와 수저가 바닥으로 떨어져 쨍강쨍강 소리를 냈고,
그 소리에 정음이가 놀라 얼어 버리자 삼식이 재빨리 정음이의 머
리를 보호하며 남매를 식탁 밑으로 데리고 들어갔다.

식탁 밑에서 머리를 보호하고 있자 어느새 진동이 멎은 듯 고요
해졌다. 삼식은 남매에게 잠시 기다리라 하고 거실로 나가 텔레비
전을 틀었다. 화면에는 뉴스 속보가 큼지막하게 떠 있었다.

'포항, 강진 발생'

몇 글자 되지 않는 속보를 본 순간 훈민이와 정음이는 손을 맞
잡았고 삼식은 남매에게 소리쳤다.

"애들아, 일단 집 밖으로 피하자."

정음이와 훈민이는 식탁 밑에서 빠져나와 삼식과 함께 집 밖으

로 나왔다. 한낮의 길가에는 이미 많은 사람들이 또다시 올지 모르는 지진을 피해 나와 있었다. 사람들의 얼굴에는 깊은 불안감이 보였다. 정음이는 경주 사람들의 저런 불안감이 1년 전 있었던 경주 강진의 기억에서 오는 것이리라 생각했다.

"여진이 있을 수 있으니 잠시 여기서 기다리자. 둘 중에 누구 휴대폰 챙겨 나온 사람 있어?"

"저요, 삼촌."

삼식은 훈민이의 휴대폰을 받아 들고 포털 사이트의 헤드라인 뉴스를 살폈다. 뉴스에는 온통 '포항, 강진, 대피' 등의 단어가 가득했다.

"삼촌, 지진 규모가 얼마래요?"

"5.4야. 작년 경주 지진과 맞먹어."

"피해 정도는요?"

"아직 속보라서 정확한 피해 상태나 진원지는 안 나오네."

"휴대폰 줘봐요. SNS를 보면 사람들이 올린 게 나올 거예요."

정음이가 휴대폰으로 SNS를 검색하자 포항 지진 관련 사진과 이야기가 마구 올라오고 있었다. 사진에는 벽에 금이 간 건물과 바닥에 떨어진 잡동사니들, 그리고 산산조각 나 널브러진 유리조각들이 있었다. 세 사람은 심각한 얼굴을 했다. '인명 피해는 없어야 할 텐데….' 하는 바람을 모두 속으로 간절히 빌었다.

"그런데 삼촌, 지진 규모 5.4라는 게 뭐예요?"

"지진의 규모라는 건 지진의 크기를 나타내는 단위야, 훈민아. 지진이 일어나서 발생한 총 에너지의 크기를 관측해 계산한 지수이지."

"어… 그럼 진도는요? 뉴스 같은 데 보면, '이번 지진은 진도 6이다.' 이렇게 말하는 걸 본 적 있는데."

"지진의 규모와 진도의 차이가 헷갈리는 모양이구나. 삼촌이 설명해 줄게. 우선 진도에 대해 알기 위해 상황을 하나 상상해 봐.

훈민이 네가 수학 시간에 졸고 있었어. 그리고 너 말고 다른 친구들도 몽땅 졸고 있었지. 앞에서 수업을 하시던 수학 선생님은 조는 너희를 보고 화가 나서 교탁 위를 주먹으로 내리치셨어. 아주 세게 '쾅!' 하고. 그러자 비몽사몽 쓰러져 있던 앞자리 애들이 번쩍 눈을 뜨고 입가에 흘리던 침을 급히 닦았어.

하지만 안타깝게도 맨 뒷줄에 쓰러져 있는 애들에게까지는 선생님의 충격파가 닿지 않았어. 뒷자리 아이들까지 깨우려면 선생님은 더 강하게 교탁을 내리치셔야만 했지.

자, 이때 아이들 한 명 한 명에게 질문을 던졌다고 하자. '네가 느낀 주먹의 충격을 1부터 12까지로 점수를 매긴다면 몇 점이니?' 라고. 이 질문에 교탁과 가장 가까운 곳에 있던 학생은 뭐라고 답할까?"

"그야 가장 가까운 곳에 있었으니까 충격도 가장 크게 느꼈을 테니, 12라고 하겠죠."

"That's right! 반면 가장 먼 곳에 앉아 있던 학생은 1이라고 하겠지. 이렇게 학생들이 교탁의 위치에 따라 느낀 충격의 크기가 다른 것처럼, 지진의 감도 역시 사는 지역에 따라 다르게 느껴져. 우리나라는 1부터 12까지, 일본은 1부터 8까지의 범위를 두고 각 지역에서 상대적으로 느낀 지진의 감도를 점수로 발표하고 있어. 과학계에서는 이를 '상대적인 지진의 감도'라고 해서 '진도'라고 이름 붙였어.

그럼 여기서 또 질문, 이번엔 정음이 네가 답해 봐. 진도가 가장 크게 측정되는 곳은 어디일까?"

"당연히 선생님이 주먹을 내리친 바로 그곳, 교탁이죠. 지진으로 치자면 진원지고요."

"역시 공정음!"

삼식이 두 손의 엄지를 척 치켜들고 정음이를 향해 날리자 정음이는 뭘 그런 걸 가지고 그러냐는 표정을 지었다.

다행히 더 이상의 큰 지진은 없을 것 같아 삼식과 남매는 다시 집으로 향했다. 훈민이는 방금 전의 진동이 꿈인 것 같기도 했지만, 어질러진 집 안을 보니 역시 그건 꿈이 아니었음을 실감했다. 세 사람은 서로 말을 맞추기나 한 듯이 조용히 집을 정리했다.

"삼촌, 지진의 규모에 대해서도 설명해 줘요."

훈민이가 바닥에 떨어진 수저를 주워서 싱크대에 넣으며 물었다.

"아 참참, 내가 그거 얘기하고 있었지? 자, 어떤 지역에서 나타나는 상대적인 지진의 진동 크기나 피해 정도를 진도라고 했지. 지진이 일어난 바로 그곳이 가장 진도가 크고 말이야. 그리고 지진 강도는 '규모'라는 또 다른 단위로 변경이 가능해. 단, 이 단위를 쓰기 위해서는 전제 조건이 하나 붙는데 그 어떠한 지역에서도 결코 이 값에 손을 댈 수 없다는 거야."

"뭔가 조건이 강력한데요?"

"맞아. 지진의 규모는 있는 그대로, 어느 지역에서든 발표한 값 그대로 사용할 수밖에 없어. 한 번의 지진이 일어났다? 그럼 전 세계 어느 곳에서라도 그 지진은 하나의 규모로만 불리는 거지. 그래서 '진도'와 '규모'를 비교하면 지진이 발생한 지역에서 멀어지면 멀어질수록 진도는 점점 감소되는데, 지진이 발생한 순간 기록된 규모의 값은 어디에서든 똑같다고 할 수 있어."

순간 부지런히 움직이던 훈민이의 손이 멈추었다. 정음이는 그런 훈민이를 보고 고개를 살살 저었다. 훈민이의 저런 몸짓은 삼촌의 말을 잘 이해하지 못했다는 뜻이었다.

"오빠, 작년에 경주에서 규모 5.8의 지진이 발생했잖아. 지진이 일어난 곳인 경주에서는 진도를 6이라고 발표했어. 그리고 경주와 가까이에 있는 대구에서도 규모 5.8의 경주 지진으로 인해 진도 6의 진동이 있었다고 발표했지. 하지만 대구보다 경주에서 멀리 떨어져 있는 부산, 울산, 창원은 진도를 5라고 발표한 거야. 이해가 돼?"

괴짜 과학자의 지구 멸망 시나리오

"아~ 그럼 내가 만약 창원에 살고 있는 사람이라면, 경주 지진의 규모는 5.8이었고 우리 지역의 진도는 5였다. 이렇게 말할 수 있는 거지?"

"그렇지."

정음이의 친절한 설명에 그제야 지진의 진도와 규모를 완벽히 이해한 훈민이는 멈췄던 몸을 다시 움직였다.

공훈민, 공정음. 그럼 우리 좀 더 어려운 걸 알아볼래?
먼저 질문. 훈민아, 지진의 규모는 숫자가 하나씩 커질수록
그만큼 커지는 걸까?

에이~ 삼촌. 너무 쉬운 걸 물어보신다. 당연히 숫자가
1만큼 커질수록 지진의 세기도 1배 더 커지지 않겠어요?

땡! 틀렸다.

틀렸다고요?

오호, 지진의 규모를 나타내는 숫자에 대해선 정음이 너도
잘 모르나 보군. 좋아, 삼촌이 알려 주마. 지진의 규모란
개념은 미국의 지질학자 리히터 C.Richter가 1935년에 처음
도입했어. 리히터는 큰 수를 계산할 때 편리한 수학 개념인
로그를 이용해 지진의 규모라는 단위를 만들 수 있었지.
그가 만든 지진 에너지 수식은 이렇단다.

말을 마치자마자 삼식은 거실로 가 테이블에 있던 작은 메모지에 무언가를 휘갈겨 쓰고는 그걸 찢어 남매에게 보여 주었다.

지진 에너지 차이 $= 10^{1.5m}$
(m: 지진의 규모 차이)

"수식이 좀 어려워 보이지만 일단 들어 봐. 리히터는 이 수식 안에 비밀을 숨겨 두었어. 규모가 1.0만큼 증가할 때마다 지진 에너지는 약 32배씩 늘어난다는 것이지."

"잠깐, 32배요?"

훈민이는 삼식이 써 온, 짧지만 잘 이해가 안 되는 수식을 들여다보다가 32배라는 이야기에 깜짝 놀라 고개를 들었다. 정음이도 놀라긴 마찬가지였는지 훈민이가 들고 있던 종이를 빼앗아 들여다보기 시작했다.

"정음아, 계산기로 한번 계산해 볼래? 규모 5.0의 지진과 규모 4.0의 지진 사이에 에너지 차이가 얼마나 큰지."

"두 지진은 규모가 1.0만큼 차이가 나니까, n에 1.0을 대입하면 1.5 곱하기 1.0, 그리고 10에 1.5제곱을 하면… 31.6이네요. 약 32배가 맞아요."

괴짜 과학자의 지구 멸망 시나리오

"맞아. 그러니까 규모 5.0의 지진은 규모 4.0의 지진보다 지진 에너지가 31.6배 크다는 거지. 이건 어떤 건물이 무너져 내릴 확률이 규모 4.0일 때보다 5.0일 때 31.6배나 커진다는 것을 뜻하기도 해. 규모가 2.0만큼 크다면 지진 에너지는 1,000배, 3.0만큼 크다면 31,622배 커지는 거야."

"와… 그럼 '에이~ 이번 지진은 지난번보다 규모가 1.0밖에 안 크네.' 이런 소리는 해선 안 되겠어요."

"그렇지. 말이 1.0이지 실제론 더 심한 거니까. 인류가 살기 전 공룡이 이 땅의 주인이었을 때, 지름 10km의 소행성이 지구와 충돌해서 공룡들이 순식간에 멸종했다는 게 과학계의 정설인 거 알지? 그때 충돌의 충격을 여러 정황을 근거로 추측하면, 무려 10을 웃도는 규모라고 해. 이번 포항 지진이 규모 5.4라고 하니까 그때 소행성 충돌은 정말 어마어마한 충격이었겠지?"

지진의 규모가 1.0씩 커질 때마다 몇 배로 그 에너지가 커진다는 걸 이해한 훈민이는 공룡이 멸종했을 당시의 지구가 얼마나 아비규환이었을지 머릿속에 그려져서, 갑자기 오도독 소름이 돋았다.

집이 어느 정도 정리가 되자 세 사람은 나란히 앉아 텔레비전을 켜고 뉴스를 시청했다. 포항 지진으로 인해 나타난 피해 상황이 속속 속보로 나오고 지진 발생 지점에 대한 이야기, 여진의 가능성 등에 대한 전문가 의견이 이어졌다.

"내일이 수능인데 저래서는 불안해서 시험도 못 보겠어요."

"으아… 형, 누나들 진짜 불안하겠다."

당장 내일로 다가온 수능시험을 걱정하는 남매에 삼식도 곰곰이 생각에 잠겼다. 규모 5.0을 넘는 강진이 경북 쪽에서 자주 발생하고 있었다. 작년 경주에서 있었던 강진을 몸소 체험했던 삼식으로서는 더 큰 지진이 우리나라에 올지도 모른다는 생각을 지울 수가 없었다. 그런 삼식의 심각함을 눈치챘는지 훈민이가 삼식의 팔을 슬며시 잡았다.

"삼촌, 지난 경주 지진 때 어떠셨어요? 많이 무서우셨죠?"

"말도 마라. 그날은 정말 너무 놀랐어. 너희도 서울에서 지진을 느꼈지?"

"네. 서울에서도 아파트가 흔들리는 게 느껴졌다니까요. 엄마도 놀라서 삼촌한테 전화했는데 통화량이 몰려 계속 먹통이었잖아요."

"맞아. 한참 만에야 너희 엄마랑 통화했지."

삼식은 다시 떠오르는 그날의 일들을 곱씹었다. 아수라장이었던 그날의 경주를. 그날 이후 삼식은 절대로 우리나라에는 지진이 일어나 큰 재해가 발생하진 않을 것이라던 굳은 믿음을 스스로 깨부수어야만 했다.

"사실 저는 지난 경주 지진 때 경주에 있는 문화유산들이 어떻게 됐을까 봐 걱정 많이 했어요. 경주에는 신라 1,000년 역사가 잠들어 있잖아요. 아니나 다를까, 경상북도 내에 있는 국가지정문화

괴짜 과학자의 지구 멸망 시나리오

재 38건과 도지정문화재 29건이 무너지거나 훼손되었대요. 그중에 몇 곳을 지난번에 둘러보고 왔었는데 아직 그 흔적이 조금은 남아 있어 정말 마음이 아팠어요."

"오, 구체적으로 알고 있네? 하긴 훈민이 넌 역사 덕후니까."

"덕후까지야! 그냥 좀… 역사를 많이 좋아하는 학생일 뿐이에요. 아무튼 앞으로 또 어떤 자연재해가 닥칠지 모르는데, 아직도 문화유적지와 유산들의 안전이나 사후 처리법에 대한 고민이 적은 것 같아 너무 걱정스러워요."

… 얘들아, 멸망의 시계가 돌기 시작한 것 같다.

뜬금없는 소리에 남매가 삼식을 쳐다보았다. 삼식은 두 손을 합장하듯 모으고 등을 한껏 구부려 팔꿈치를 두 무릎에 기댔다.

"꽁 박사의 지구 멸망 시나리오 중에 지진이 있거든."

"…예?"

"…네?"

쌍둥이 남매가 동시에 되물었지만 삼식은 대답도 하지 않고 곧바로 제 방에 뛰어 들어가더니, 무언가를 찾는 듯 잠시 소란스러웠다. 몇 분 뒤, 큼지막한 가방을 등에 메고 손에 수첩을 든 채로 삼식은 다시 나타났다.

"꽁훈민, 꽁정음. 삼촌은 이 멸망 시나리오의 시작점으로 떠날 거야. 너희는 이곳에서 속보 잘 확인하면서 기다리고 있도록."

"삼촌, 어디 가는데요?"

"포항."

"네?"

"포항에 가서 상황이 어떤지 보고 도움을 줄 사람이 있으면 돕고 올게."

"저랑 훈민이도 같이 가요."

"너희도?"

"저희도 다른 사람들 돕고 싶어요. 그렇지 공훈민?"

훈민이는 고민도 하지 않고 고개를 끄덕였다. 그러자 삼식은 잠시 생각을 하는 듯하다 정음이의 손을 꽉 그러쥐었다.

"좋아. 대신 공미영 여사에겐 비밀이다."

괴짜 과학자의 지구 멸망 시나리오

# 떠다니고 있는 판

열차 출발까지 얼마 남지 않은 시간. 아무런 준비도 없이 냅다 역으로 향한 공씨 삼인조는 다행히 포항행 기차표를 잡고 대합실에 나란히 앉았다. 지진 직후 포항역에선 안전을 위해 열차들을 감속 운행하도록 조치했지만, 다행히 유리창 파손 외에는 심각한 문제가 없어 역 폐쇄까지는 하지 않았다는 소식을 들을 수 있었다.

세 사람은 각자 자신의 휴대폰과 태블릿 PC를 활용해 포항 지진에 대한 기사와 자료를 찾았다. 인터넷상에는 피해를 입은 사람들의 이야기가 많이 올라와 있었다. 정음이가 태블릿을 삼식과 훈민이에게 보여 주며 말했다.

"이것 보세요. 지진 때문에 일부 수능 시험장의 벽이 갈라지고 마감재가 떨어졌대요."

"세상에!"

"태블릿 좀 줘봐, 정음아."

삼식은 절망스러운 표정으로 정음이의 태블릿을 받아 들고 기사를 살폈다. 포항의 수능 시험장 중 몇몇 곳에서 벽의 균열이 발견됐고, 창문과 출입문이 떨어져 나간 곳도 있다는 내용이었다. 이래서는 수능시험이 제대로 치러질지 의문스러울 정도였다.

세 사람의 걱정이 깊어지고 있을 때 승차를 알리는 안내가 떴다. 세 사람은 모두 자리에서 일어나 짐을 챙겨 들고 플랫폼으로 들어섰다. 스쳐 지나가는 사람들은 대부분 지진에 대한 이야기로 떠들썩했다.

열차에 오른 세 사람은 자리를 찾아 좌석을 서로 마주 볼 수 있게끔 돌린 뒤 앉았다. 곧이어 열차가 출발하겠지만, 여행을 가는 기쁜 마음은 아니었기에 창가에 앉은 남매는 말없이 창밖을 바라봤고 삼식은 무릎에 노트북을 올려 두고 무언가를 열심히 찾았다.

열차가 천천히 출발하자 정음이는 고개를 돌려 삼식을 바라봤다. 삼식의 눈이 이글대고 있었다. 필시 무언가에 꽂혀 정신이 없어 보였다.

"삼촌, 뭐 그렇게 바빠요? 계속 기사 찾아보는 거예요?"

"내가 예전에 지진 멸망 시나리오를 정리할 때 우리나라에 관련된 자료는 덜 찾아봤거든. 이참에 자료 좀 정리하려고. 국사편찬위원회 홈페이지의 '한국사 데이터베이스'에서 지진 기록을 검색

괴짜 과학자의 지구 멸망 시나리오

해 보는 중이야.”

삼식의 말에 옆자리에서 창밖만 멍하니 보고 있던 훈민이가 냉큼 삼식의 노트북에 바싹 다가가 붙었다. 삼식이 ‘지진’이라는 검색어를 넣고 검색 키를 누르자 관련 기록이 담긴 목록들이 화면에 나타났다. 훈민이는 노트북에 빨려 들어갈 듯한 표정으로 입을 열었다.

헉! 5만 건이 넘어요.

그 소리에 건너편에 앉아 있던 정음이도 궁금했는지 몸을 앞으로 빼고 앉았다.

“같은 사건들에 대한 기록이 혼재해 있어서 그래. 공통된 것들을 걸어 내고 봐야 해.”

삼식은 꼼꼼히 목록을 살폈다. 현재의 대한민국뿐만 아니라 조선시대, 고려시대, 심지어는 삼국시대에 일어난 각종 지진들의 기록들을 한꺼번에 접하니 속이 울렁거릴 지경이었다.

삼식은 현재 사건의 시작점부터 뒤져 볼 심산으로 신라시대 기록부터 클릭한 뒤, 정음이와 훈민이도 알 수 있게 읽어 주었다.

“『삼국사기』에는 217건의 기록이 검색돼. 생각해 봐. 당시엔 정확한 측정 장비가 없어서 몸으로 느낀 지진만 기록했을 거야. 그렇다면 실제로는 더 많은 지진이 있었겠지. 눈에 띄는 기록을 살펴보면…, 신라 36대 임금이었던 혜공왕 15년에 경주에서 지진이 발생했다고 적혀 있어. 이 사건 때문에 100여 명이 사망했다고 하고. 이후 고려의 역사를 기록한 『고려사』에는 지진地震 관련 기록이 총 255건이야.”

“삼촌, 『조선왕조실록』 검색 결과 좀 보여 주세요.”

“잠깐.”

삼식이 『조선왕조실록』 검색 결과를 누르자 대략 수천 건의 결과물이 나타났다. 목록을 살펴보니 조선시대에 이르러서는 지진 기록들이 점점 더 세분화되고 빽빽해지는 게 한눈에 보였다. 한 해에 일어났던 지진의 횟수만 해도 상당했다.

“와… 정말 많네요?”

“기록된 횟수를 보니까 중종과 명종 대에 지진이 많이 일어난 것 같아요. 백성들의 삶이 정말 힘들었겠어요.”

“그랬겠지. 자연재해도 힘든데 나라까지 혼란스러웠으니 얼마나 정신없었겠어. 지금 우리도 지진 때문에 당장 내일 있을 수능시험을 어찌해야 할지 갈팡질팡하고 있잖아.”

세 사람은 지진 역사에 대한 토론을 잠시 멈추고 홀짝홀짝 음료수를 마셨다. 훈민이는 출출했는지, 삶은 달걀을 꺼내 창틀에 톡톡 두드려 껍데기를 깼다. 그 모습을 보고 삼식이 대뜸 물었다.

괴짜 과학자의 지구 멸망 시나리오

훈민아, 너 지진이 왜 나는지 아냐?

 지진이요? 그거 수업 시간에 들은 적이 있는 것 같은데…．
판이 어떻고 수렴이 어떻고….

훈민이가 긴가민가한 얼굴로 대답하자 정음이가 치고 들어갔다.

 오빠, 수업 시간에 졸지 말고 집중하라고 했지?
판구조론 아니야, 판구조론! 지구 표면은 여러 개의 굳은
판으로 나뉘어 있는데 이 판들이 변형되거나 수평운동을
하고 있다는 생각에 바탕을 둔 이론이잖아. 크게 7개의 판, 즉
유라시아판, 아프리카판, 인도-오스트레일리아판, 태평양판,
남극판, 북아메리카판, 남아메리카판으로 구분하고 그
외에도 여러 소규모 판들이 있지. 판구조론에 따르면
맨틀의 대류에 따라 해양 지각과 대륙 지각이 매년 수 cm씩
이동한다고 알려져 있어. 그러니까 판들이 움직이면서 각 판의
경계에서 지진이나 화산활동과 같은 지각 변동이 일어난다는
거야.

짝짝짝―

삼식과 훈민이가 동시에 박수를 쳤다. 수업 시간에 들은 내용을
기억하는 것도 놀라운데 그걸 일목요연하게 정리해 말하는 정음이

에게 박수를 안 칠 수가 없었다. 하지만 정음이는 창피하다는 듯 두 사람을 말리고 훈민이가 더 잘 이해할 수 있게 쉽게 설명해 달라고 삼식에게 부탁했다.

"우리가 사는 지구는 200여 개의 나라들로 이루어진 행성이야. 작디작은 섬나라에서부터 대륙의 대부분을 차지하고 있는 거대한 나라들까지 아주 다양해. 이걸 좀 더 깔끔하게 분류한 것이 유럽, 아시아, 아메리카, 오세아니아, 아프리카로 분류한 대륙 구분이지.

그런데 과학계에서는 다른 기준을 찾았어. 바로 지구의 조각 난 껍데기, '판'이야! 정음이가 말한 것처럼 판이란 지구의 표면을 이루고 있는 여러 개의 단단한 껍데기야. 이 판들은 현재의 위치에 따라 크게 두 가지로 구분돼. 대륙 지각을 포함하고 있으면 대륙판, 해양 지각을 포함하고 있으면 해양판. 그렇다면 우리나라는 둘 중 어떤 판 위에 있을까?"

"대륙판?"

"대륙판!"

"Correct! 중국이라는 커다란 대륙의 옆에 딱 붙어 있기에 대륙판에 위치해 있다고 하지. 대륙판 중에서도 유라시아판에 속해. 여기 판구조 지도를 봐봐."

삼식이 훈민이와 정음이를 향해 노트북 화면을 돌려 보여 주었다. 지도에는 대표적인 판의 이름과 그 경계가 세계 지도 위에 표시되어 있었다. 훈민이는 우리나라가 유라시아판 위에 위치해 있는

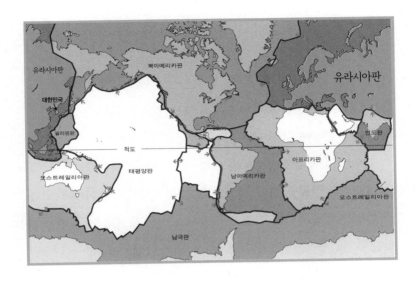

것을 확인하고 고개를 끄덕이다가 문득 이상한 것을 발견했다. 일
본의 위치가 애매했던 것이다.

"삼촌, 그런데 일본은 유라시아판에 있는 건가요? 이것도 아니
고 저것도 아닌 듯한… 뭔가 이상해요."

"우리 훈민이가 관찰력은 은근히 있단 말이야? 잘 봤다. 일본은
판과 판 사이의 경계에 위치해 있어. 이 애매한 위치 때문에 고대,
중세, 근대, 현대를 관통하는 일본의 스펙터클한 역사가 만들어졌
다고 볼 수 있지.

아까 말했듯이, 판은 맨틀이라는 물질의 흐름에 몸을 맡겨서 이
웃한 판과 가까워지기도 하고, 멀어지기도 하고, 어긋나기도 해. 서

로 멀어지는 경우를 발산, 서로 가까워지는 경우를 수렴, 어긋나는 경우를 보존이라고 하지. 일본의 경우, 판의 움직임이 끊임없이 일어나는 판의 가장자리에 있어. 그래서 판과 판 사이의 마찰이 많고 그로 인해 땅이 흔들리는 지진이나 마그마가 흘러나오는 화산활동이 활발할 수밖에 없는 거야."

훈민이는 이제 판구조론에 대해 어느 정도 이해가 되었는지 한층 명쾌해진 얼굴을 했다. 반면 이번엔 정음이가 어쩐지 묘한 표정을 지었는데 훈민이는 그것이 정음이가 무언가 의문이 생겼을 때 짓는 표정임을 알아챘다.

"삼촌, 판의 움직임이 꾸준히 있어 왔다면 옛날에는 우리나라와 일본 사이의 거리가 가까웠던 적도 있었겠네요"

"맞아. 지질학자들은 커다란 지각 운동으로 신생대 제3기 동안 동해가 열리고 일본이 한반도에서 떨어져 나갔다고 믿고 있어."

남매는 머릿속으로 지진이 일어나 바닷물이 차오르고 결국엔 땅의 일부가 떨어져 나가는 재난 영화 같은 장면을 떠올렸다. 까마득한 과거의 사건임에도 정음이와 훈민이는 생생한 경험을 하는 것처럼 놀라워했다.

열차는 어느새 포항에 거의 다다라 있었다. 이제 지진의 현장을 만나야 할 시간이었다.

괴짜 과학자의 지구 멸망 시나리오

# <u>과연</u>
# <u>우연이었을까</u>

　세 사람은 역을 벗어나 택시를 타고 포항시 북구에 있는 실내 체육관으로 향했다. 약 20분 정도를 가자 커다란 실내 체육관이 보였다. 세 사람은 택시에서 내려 서둘러 체육관 쪽으로 향했다.

　방금 도착했는지 라면과 물, 모포 등의 구호 물품이 담긴 상자가 입구에 쌓여 있었다. 삼식은 봉사 담당자로 보이는 사람에게 남매와 함께 봉사를 왔다고 말했다. 그러자 담당자는 잠시 고개를 갸웃거리며 삼식을 살폈다. 흰 연구실 가운 차림에 장발을 한 성인 남자와 중학생 두 명의 조합이 수상쩍어 보일 법했다. 하지만 워낙 정신이 없고 일손이 달리는 탓에 곧 남매와 삼식에게 이름을 물어보고는 구호 물품을 옮기는 것부터 함께 해달라고 부탁해 왔다.

　훈민이와 정음이는 힘을 합쳐 모포가 든 상자를 옮기고 삼식은 컵라면이 든 상자를 들어 옮겼다. 자신들의 짐을 내려놓을 새도 없이, 몇 번 구호품을 옮기고 분배하는 동안 여기저기서 포항 시민들의 안타까운 목소리가 들려왔다.

"우리 집은 대체 어떻게 복구해야 하지. 아이고…."

울먹이는 목소리가 들려오자 훈민이는 자신도 모르게 눈시울이 붉어졌다. 갑작스러운 자연 재해의 무서움을 온몸으로 경험하자니 자연 앞에 인간은 한없이 연약한 존재라던 누군가의 말이 떠오르기도 했다.

사람들은 자그마한 소리에도 가슴을 쓸어내렸다. 또 지진이 나는 것은 아닌가 하는 걱정에서였다. 그때 체육관 한쪽에서 아쉬움인지 안도인지 모를 탄성이 흘러나왔다. 구호품 상자를 풀어 정리하던 훈민이와 정음이는 소리가 나는 쪽으로 고개를 돌렸다. 그러자 들려오는 소식은 수능시험이 일주일 연기되었다는 이야기였다.

저녁 시간이 다 되어 대피한 사람들에게 식품과 생활용품을 나눠 주고 바닥재를 정렬하여 깔아 준 뒤에야 봉사자들은 잠시 한숨을 돌릴 수 있게 되었다.

"정음아, 훈민아. 삼촌은 밖에 나갔다 올게. 너희는 여기 있어. 아직 위험하니까. 현장을 직접 보고 우리나라가 지진에 얼마나 취약한지 확인해야 한반도의 지진 시계가 어디쯤 흘러갔는지를 계산할 수 있을 것 같다."

"우리도 갈래요."

"공훈민!"

괴짜 과학자의 지구 멸망 시나리오

"안 돼요. 우리도 같이 움직여요."

"정음아, 너까지 왜 그러냐."

어쩐지 단호한 남매의 눈빛에 삼식은 잠시 고민하다가 남매와 함께 체육관을 나섰다.

세 사람은 언제든 대피할 수 있도록 체육관에서 가까운 곳 주변을 걸어가 보기로 했다. 그동안 과학적 호기심이 뭉게뭉게 피어난 훈민이가 삼식에게 질문했다.

"삼촌, 근데 왜 자꾸 경상도 쪽에서 지진이 일어나나요? 이쪽이 일본이랑 가까워서 그런가요? 아니 일본 지진이랑 우리나라 지진 이랑은 관련이 크게 없겠죠? 그래도 거리가 있는데."

삼식은 흰 가운 주머니에 넣어 두었던 꼬질꼬질한 수첩과 삼색 볼펜을 꺼내더니 촤르륵- 페이지를 넘기다가 어떤 부분에 펜을 대고 멈추었다.

"네 생각도 일리는 있어. 내가 조사해 둔 자료에 따르면, 실제로 일본에서 강진이 발생하고 나서 우리나라에 지진이 온 적이 몇 번 있었거든. 1995년에 일본 역사상 최악의 지진이 있었어. 그로부터 1년 하고도 11개월이 더 지난 어느 겨울날 강원도 영월에서 규모 4.5의 지진이 발생했지. 제주를 포함한 한반도 전 지역에서 진동이 느껴졌고 건물에 균열이 생기고 담장이 무너져 내리는 등 재산 피해를 입기도 했어. 우연히 시기가 맞은 거였을까?

2005년, 일본에서 규모 7.0의 대지진이 또 한 번 일어났어. 10년 전과 비교해서 부상자는 그리 많지 않았지만 그간 지진이 일어나지 않던 지역인 후쿠오카에서 일어났기에 일본 사람들은 큰 충격을 받았지. 그로부터 1년 하고도 10개월이 더 지난 2007년 1월, 우리 땅에서 또 한 번 지진이 발생했어. 장소는 2018년 평창 동계올림픽이 열리는 오대산! 지진의 규모는 4.8로 이전의 지진보다 강했지. 이번에도 우연이었을까?

2011년 3월 11일, 일본 관측 사상 최대 규모인 9.0의 강력한 '동일본 지진'이 일본열도를 강타했어. 사망자만 해도 수만 명에 달했고 재산 피해도 어마어마했어. 지금까지도 동일본 대지진의 피해는 계속되고 있어. 그리고… 2016년 9월 12일 대한민국 경주에서 우리나라 역대 최악의 지진이 발생했단다. 이제 더 이상 우연이라는 표현을 쓸 수가 없겠다. 얘들아, 분명 연결 고리가 있을 거야!"

한 편의 영화 스토리를 듣는 것처럼 정음이와 훈민이는 삼식의 이야기에 빨려 들어갔다.

"일부 과학자들은 2011년의 동일본 대지진으로 유라시아판에 커다란 힘이 쌓였는데, 이 세상의 모든 물체가 본래의 자리로 돌아가고 싶어 하는 성질이 있는 것처럼 우리 땅 역시 다시 제자리로 돌아가고자 쌓였던 힘을 풀면서 경주 지진이 일어났다고 주장하기도 했어. 우리 주변으로는 유라시아판과 인도-오스트레일리아판, 태평양판이 있잖아. 유라시아판이 원래 자리로 돌아가려고 할 때 다른 거대한 두 판들이 그냥 있을 리가 없지. 내가 밀면 상대방도

밀고, 내가 당기면 상대방도 당긴다. 즉, 작용-반작용의 원리에 따라 주변에 있는 판들까지도 영향을 받는 거야. 그럼 중간에 끼인 우리 땅에는 어마어마한 힘이 작용하게 되는 거지. 지진이라는 모습으로 말이야."

해가 지고 꽤 매서워진 바람을 가르며 걷다 보니 높이가 낮은 아파트촌이 나타났다. 긴박했던 지진 당시를 보여 주듯 여기저기 길가에 떨어진 외장재가 보였다. 사람들은 모두 체육관으로 피신을 한 것인지 동네는 매우 조용했다. 삼식은 혹시나 있을지 모를 낙하 사고를 주의하며 남매를 이끌고 길을 걸었다.

그러다 건물 1층이 거의 기둥으로만 이루어진 필로티 구조의 빌라를 발견했다. 건물의 한쪽을 받치고 있던 기둥의 콘크리트가 부서져 바닥에 떨어져 있었는데, 부서진 공간 안으로 철근이 뒤틀려 있는 것이 보였다.

'저게 무너졌다면…' 머릿속으로 자꾸만 펼쳐지는 아찔한 상황 때문에 눈을 질끈 감으며 정음이가 말했다.

"우리나라 건물들은 내진 설계가 되어 있지 않은 건물이 많다죠?"

"응, 예전엔 우리 땅에서는 지진이 거의 일어나지 않는다는 믿음이 있었으니까. 그나마 1988년도에 들어서 6층 이상 또는 총면적 100,000m² 이상의 면적을 가진 건물에는 제한적으로 내진 설계를 하기 시작했어."

"88년도라면 서울올림픽이 개최되면서 경제가 급속도로 발전하기 시작하는 때네요?"

"맞아, 훈민아. 이제 막 고층 건물이 지어지기 시작하는 시기였지. 그때 6층 이상의 건물에 사는 인구가 많았을까? 아니면 5층 이하의 저층에 사는 사람이 더 많았을까? 당연 후자였지. 더군다나 100,000m²면 3만 평이 넘어. 건물의 각층 면적을 다 더한 값이라고 해도 엄청 넓은 면적이야. 이 규정에 맞는 건물은 많지 않았지. 내진 설계가 말로만 있는 거였어.

1995년도에 들어서야 대상 면적이 총면적 10,000m²로 하향되었고, 2005년도에 3층이상 건물에 총면적 1,000m²로 조건이 강화되었지. 그리고 2015년에 비로소 총면적이 500m² 이상인 모든 건물에 내진 설계를 의무화했어."

자그마치 **27년**이나 걸렸네.

"2017년부터는 2층 이상으로까지 확대되었어. 너무 늦긴 했지만 이제라도 내진 설계가 강화되고 의무화된 것은 두 손 들어 반길 일이지."

"하지만 삼촌, 반대로 1980년대에 지어진 건물들은 엄청 위험

괴짜 과학자의 지구 멸망 시나리오

하단 뜻이기도 하잖아요. 부수고 다시 짓지 않는 이상 지진에 무방비 상태인 거니까요."

"맞아. 그런 건물들이 밀집한 지역의 사람들을 위해서 우선 지진 대피 교육을 꼭 해줘야겠지."

훈민이는 진지한 얼굴로 뼈대가 뒤틀린 건물을 살폈다.

"삼촌… 지진이 났을 때 밖으로 신속히 피할 수 없다면 제자리에서 점프를 하면 안 되나요? 아니면 몸을 살짝 흔들어 주면 충격이 덜하지 않을까요? 아니다, 신발 바닥에 충격 흡수가 잘되는 스펀지를 까는 건 어때요?"

진지한 표정으로 이야기를 하는 훈민이에 정음이가 그게 말이 되냐며 엉뚱한 소리 그만하라고 훈민이의 어깨를 탁 쳤다. 그러나 삼식은 그런 정음이를 말렸다.

"누군가는 엉뚱하기 짝이 없다고 생각하는 아이디어를 발전시켜 인류에 도움을 주기도 해. 훈민이가 말한 것들은 내진 설계를 위해 연구가 진행 중이거나 혹은 실제 적용된 아이디어들이야. 이름하여 '차진 구조', '제진 구조', '면진 구조'야."

"네? 정말요?"

삼식의 말에 정음이보다 더 놀란 건 훈민이었다. 자신의 생각이 이미 현실로 이루어지고 있다니, 놀라울 만도 했다.

"차진 구조는 공기탱크를 이용해서 지진이 나면 1초 만에 건물을 바닥과 분리시키는 거야. 제진 구조는 지진에 의해 땅이 흔들릴 때 충격을 미리 흡수하도록 댐퍼라는 이름의 기둥을 넣어 건축물 자체의 흔들림을 최소화하는 기술이지. 면진 구조는 땅과 건물 사이에 특수한 바닥재를 깔아 지면으로부터 올라오는 진동을 줄여 줘. 아직 연구가 더 진행되어야겠지만 지진 피해를 줄일 수 있다면 엉뚱한 아이디어라고만은 볼 수 없지."

정음이는 삼식의 설명을 듣고 나자 훈민이에게 미안해져 조용히 애꿎은 훈민이의 어깨를 문질러 주었다.

괴짜 과학자의 지구 멸망 시나리오

# 상처 입은
# 피투성이 땅

세 사람은 다시 걸음을 옮겨 동네를 더 둘러보다가, 미처 대피하지 못해 거리에 있던 거동이 불편한 노인을 발견하고 체육관까지 안내해 주었다.

체육관으로 돌아온 세 사람은 다시 지진에 대해 이야기를 시작했다.

"아까 훈민이가 물어봤던 걸 다시 생각해 보자. 왜 경상도 지역에 지진이 자주 발생할까? 이 땅 한반도는 수억 년에 걸쳐 셀 수 없이 많은 지각 운동을 겪고 나서야 지금의 모습을 갖추게 되었어. 전세계의 땅들과 비교해 봐도 결코 젊은 땅이 아니지. 온갖 풍파를 겪은 노인의 모습이야. 주글주글 주름투성이에 그 주름마저도 닳고 닳아 높지 않은 산들로 이루어진 온화한 얼굴이랄까?

주름살 사이사이에 있는 골짜기 역시 닳고 닳아 깊진 않지만,

세월의 흔적처럼 간혹 상처가 난 곳도 있어. 이 상처를 과학계에서는 '단층 지각'이라 부르기로 했지. 지각 운동으로 지층이 끊긴 곳이란 뜻이야. 그리고 지금까지도 상처가 아물지 않아 가끔씩 피가 나는 곳은 특별히 '활성 단층'이라 부르기로 했어. 예전에 활동을 했거나 향후 활동 가능성이 있는 곳들이야.

물론 활성 단층이 진짜 활성이냐, 아니냐는 학계에서도 의견이 분분해. 그래서 확실히 '활성이다.'라고 하기보단 '활성 가능성이 있다.'는 정도로 봐야 해.

일반적으로 활성 (가능) 단층이라는 피투성이 상처들은 넓게 퍼져 있지 않고 전라도와 경상도 지역에 집중적으로 몰려 있다고 보고 있어. 이렇다 보니 이곳의 상처들 중 어느 한곳의 상처만 덧나도 애꿎은 주변의 상처들까지 피해를 입게 되는 거야.

활성 단층은 방향별로 분류할 수 있어. 크게 좌-우로 뻗어 있는 상처들과 위-아래로 길게 늘어서 있는 상처들이지. 후자의 경우에 가장 유명한 것이 '양산 단층'이야."

"삼촌, 양산 단층이 정확히 어디인지 그림으로 그려서 보여 줘요."

삼식은 재빨리 수첩을 꺼내 휘리릭 우리나라를 그리더니 양산 단층의 위치를 표시했다. 그리고 이번엔 지진이 발생한 경주와 포항을 표시했다.

"여기가 양산 단층이야. 단정 지을 순 없지만 경주 지진은 양산 단층 위에서 발생하지 않았을까? 포항 지진 역시 양산 단층 위나 또

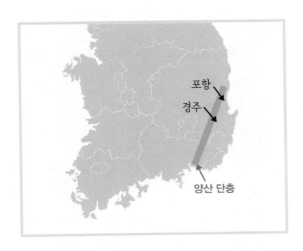

는 근접한 지류에서 발생했을 수도 있어. 확실한 건 양산 단층의 주변 지역이 불안정하다는 사실이야. 경주 지진 이후 양산 단층 활성화에 따른 대규모 지진 위험성이 전문가들을 통해 제기돼 왔어."

"삼촌, 저 잠깐 노트북 좀 빌려주세요."

훈민이 곧바로 노트북을 켜서 무언가를 찾는 듯하더니 곧 삼식과 정음이를 향해 노트북을 돌려 보이며 말했다.

"조선시대에도 양산 단층 부근에서 큰 지진이 있었다는 기록이 있어요."

"오빠, 정말이야? 어디에?"

"『조선왕조실록』에 보면, 1643년 인조 때 울산에서 땅이 갈라지고 지진해일이 일어났다는 기록이 남아 있어. 1681년 숙종 때도 큰 지진이 발생했다는 내용이 기록돼 있다고 해."

"양산 단층의 활성화 가설을 역사가 증명해 주는구나. 음, 이건 삼촌의 생각인데 이번 포항 지진의 원인으로 또 하나의 가설을 더할 수 있을 것 같다."

"네? 또 하나의 가설이요?"

"너희 지열발전소라고 들어봤냐?"

"땅속의 뜨거운 공기를 끌어올려 터빈을 돌리는 친환경 발전소 말이죠."

"맞아, 정음아. 지열발전소는 대기 오염도 일으키지 않고, 핵폭발의 공포도 없는 발전소이지. 그런데 너희도 알다시피 우리나라는 화산 활동이 활발한 나라가 아니야. 지리적 특성상 땅속에 뜨거운 공기가 부족해. 그래서 지하 4km 근처의 뜨거운 화강암 지대에 파이프를 끼우고 물을 주입해 수증기를 만들었지. 이 수증기는 다시 파이프를 타고 올라와 발전소 안의 터빈을 돌려. 하지만 지구는 그렇게 호락호락하지 않지. 인간이 의도적으로 물을 주입하면 발전소 주변의 단층들이 약해지며 지진이 일어나는 거야. 이런 지열발전소가 바로 포항 지역에 있거든."

훈민이와 정음이는 포항에 지열발전소가 위치해 있다는 말을 듣곤 깜짝 놀란 얼굴을 했다.

나는 지열발전소에 의한 지진도
가능성이 충분하다고 봐.

삼식의 말에 신중한 정음이도 조용히 고개를 끄덕이고는 오늘
삼식을 통해 새로이 알게 된 지식들을 머릿속으로 정리했다. 그러
다 문득, 한 가지 스치는 기억이 있었다. 방금 삼식이 그린 지도를
언젠가 학교 수업에서 본 듯했다. 문제는 그 수업이 대체 뭐였는지
명확하게 떠오르지 않았다는 점이다.

공정음 인생에 해결되지 않은 의문점이란 있을 수가 없기에, 정
음이는 황급히 삼식의 흰 가운을 뒤졌다. 꺼내든 것은 삼식의 수첩.
정음이가 양산 단층 지도를 찾아 뚫어지게 쳐다보자 삼식과 훈민
이는 의아해하며 정음이를 바라보았다.

한참 후, 정음이가 손가락 끝을 딱 튕겨 냈다.

"원자력발전소였어."

"엥?"

"으잉?"

무슨 소리를 하는지 모르겠다는 듯 바보 같은 소리를 낸 삼식과
훈민이의 모습에 정음이가 피식 웃었다.

"삼촌, 펜 좀 줘봐요."

삼식이 펜을 건네자 정음이는 펼쳐 놓고 있던 지도 위에 고리,

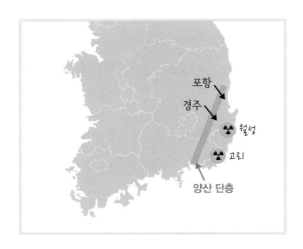

월성 원자력발전소의 위치를 그려 넣었다.

그제야 삼식은 정음이가 무슨 이야기를 하려는지 알아차렸다. 반면 훈민이는 여전히 고개를 갸웃하고 있었다. 정음이가 훈민이에게 설명하는 투로 말을 이었다.

"이 지도를 보며 사회 수업 시간에 선생님이 보여 주신 지도가 떠올랐어. 발전소의 종류 중 원자력발전소의 건립 조건에 대한 이야기를 할 때였을 거야.

원자력발전소를 건립할 때 가장 중요한 조건은 물이야. 보통 '원자력 발전'이라 하면 핵분열 에너지를 우리가 그대로 직접 사용한다고 생각하는데, 실은 핵분열 에너지를 이용해 물을 끓이고 이때 발생되는 엄청난 양의 수증기가 터빈을 돌려 생산하는 전기를 우리가 간접적으로 이용하고 있지. 간단히 말하자면, 원자력 에너

괴짜 과학자의 지구 멸망 시나리오

지로 수증기를 만들고 이 수증기가 전기를 만들어 내는 두 단계를 거치는 거야. 따라서 원자력발전소는 항상 물이 많이 존재하는 지역에 건립돼야 해."

"아, 그럼 바닷가여야겠네?"

"응. 실제로 우리나라의 원자력발전소는 현재 경북 울진, 경북 경주, 부산, 전남 영광이야. 전부 해안가지. 이 네 곳 중, 경주의 월성 원자력발전소와 부산의 고리 원자력발전소가 양산 단층과 인접해 있어."

"잠깐만, 정음아. 그럼 원자력발전소가 있는 지역에 지금 계속 지진이 일어난다는 건데… 그거 괜찮은 거야? 아까 봤던 건물들처럼 지진에 무너지거나 하면 어떡해?"

"바로 그거야, 얘들아!"

갑자기 삼식이 남매 사이를 비집고 들어오며 소리쳤다.

"내가 지진을 멸망 시나리오의 주제로 꼽은 것도 바로 그 점 때문이라고! 원자력발전소가 지진에 무너지면 어떻게 되냐면 말이…으읍!"

순식간에 정음이의 두 손이 삼식의 입을 가로막았다. 어디서 흥분 포인트를 잡은 건진 모르지만, 소리 높여 신나게 말할 사안은 절대 아닌 이야기를 떠들려고 하는 삼촌을 막아야만 했다.

다행히 체육관에 있는 사람들은 삼식의 말을 듣지 못한 듯했다. 마침 타이밍 좋게도 봉사 담당자가 오늘은 이만 집으로 돌아가셔도 된다고 해서 정음이는 삼식의 입을 막은 채 훈민이에게 짐을 챙겨 따라오라고 눈을 부릅뜨고 말했다. 훈민이는 그 말을 빨리 따르지 않았다간 삼촌 꼴이 날 것만 같아 부랴부랴 짐을 챙겨 들고 정음이를 따라갔다.

"근데 삼촌, 아까부터 궁금했는데요. 우리나라의 수많은 성벽과 성곽들은 어떻게 수백 년, 수천 년이 넘는 세월에도 제 형태를 유지하고 있는 걸까요? 아까 살펴봤다시피 과거 우리나라에는 지진이 많이 있었잖아요."

택시 타는 곳을 향해 천천히 걷던 삼식과 정음이는 훈민이의 말에 잠시 걸음을 멈추었다. 정음이도 경주에서 지내는 동안 많은 유적지를 제 집처럼 드나들었다. 그 견고한 성벽들이 어떻게 잘 보존된 것인지 문득 궁금해졌다. 삼식은 남매의 궁금함에 올바른 답을 잠시 생각하고 입을 열었다.

"그 답에 대한 힌트를 얻을 수 있는 나라가 있지. 바로 고구려야. 고구려인들은 성을 잘 쌓았다고 해. 얼마나 높고 튼튼한 성을 쌓았는지는 당나라 침공 때를 살펴보면 알 수 있어.

당나라의 두 번째 황제 태종이 30만 대군을 이끌고 고구려에 쳐들어왔을 때야. 역시 고구려 성은 무너뜨리기 쉽지 않았지. 당나라 군은 화살 비를 퍼붓기도 하고 충차와 투석기를 쓰면서 공격하였지만 결국 안시성을 함락시키지 못하고 돌아갔어."

괴짜 과학자의 지구 멸망 시나리오

30만 대군이 공격을 퍼부었는데
피해가 하나도 없었다고요?

"물론 피해가 전혀 없는 건 아니었지. 하지만 그리 문제되지 않았어. 고구려인들은 성벽을 엄청나게 빨리 복구할 수 있었거든. 심지어 전쟁을 하고 있는 도중에도 복구가 가능했어."

"대체 성벽을 바로 복구할 수 있었던 비결이 뭐예요?"

"고구려인들은 성을 세울 때, 인공석을 쐐기 모양으로 깎아 차곡차곡 쌓고 그 뒷면에 자연석을 쐐기 사이의 빈 공간에 맞춰 짜넣었어. 잠깐, 내가 그림으로 보여 줄게."

삼식은 열차표를 찾던 애플리케이션을 끄고 메모 앱을 켰다. 그

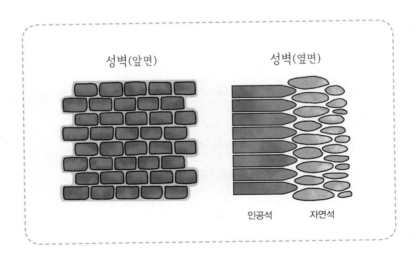

성벽(앞면)　　　　　성벽(옆면)

인공석　　　자연석

리고 가느다란 손가락으로 섬세히 고구려인들이 만든 성벽 모양을 그렸다.

"이런 구조는 외부 공격을 받아도 벽 전체가 허물어지지 않았어. 돌들이 서로 맞물려 마찰력이 증가되었거든. 게다가 부서지더라도 공격을 받은 부분만 파손되며 쐐기돌이나 뒷돌을 바꿔 끼기만 하면 됐어. 그래서 부분적인 수리가 가능했던 거야. 이런 공법을 '그랭이 공법'이라고 해. 전통적으로 우리나라에서만 나타나는 건축 공법이지. 그랭이 공법으로 지은 건물들은 웬만한 지진에도 꿈쩍하지 않았어. 뿐만 아니라 돌끼리 찰싹 밀착되어 있기 때문에 습기나 벌레도 생기기 힘들었지.

이 독특한 공법은 주변국과 수많은 전쟁을 겪는 동안 입소문 아닌 입소문을 타고 빠르게 전해져 백제, 신라에까지 소문이 났지. 그리고 그들도 그 공법을 따라 해보기로 했어. 너희 우리 집에 살면서 불국사는 여러 번 다녀왔으니 불국사의 벽이 어떤지 기억하지?"

아는 곳의 이야기가 나오자 훈민이가 재빠르게 나섰다.

"당연하죠. 네모반듯한 돌이 놓였고 그 사방에 자연 그대로의 돌들이 차곡차곡 쌓여 있죠."

훈민이가 말로는 설명이 부족했는지 휴대폰을 꺼내 '경주 유적지'를 검색하더니 금세 불국사의 벽면 사진 한 장을 찾아냈다.

괴짜 과학자의 지구 멸망 시나리오

"정말 삼촌 말대로 자연석과 인공석이 조화롭게 엮여 있네요."

"삼국시대에는 이처럼 자연물과 인공물을 절묘하게 조합해 각종 자연재해에 대비할 수 있었어. 우리 유적지들이 그 모습을 그래도 잘 유지하는 하나의 비결이었던 거지."

"음… 삼촌, 고려시대에 불국사가 지진의 피해를 받은 적이 있다고 들었는데, 그건 어떻게 된 일이에요?"

"네가 말한 사건은 고려 현종 때 일이야. 1037년 지진으로 석가탑이 기울어지고 건물이 손상을 입어 사람들은 보수공사를 했어. 1년 후인 1038년에 또 지진이 나서 복원한 건물들이 다시 손상을 입자, 사람들은 다시 보수공사를 하였고 그때 석가탑을 해체하고 복원했지. 그랭이 공법이 아무리 튼튼하다 한들 자연의 큰 힘을 다 막지는 못했던 거야."

훈민이는 다시금 지난 경주 지진으로 인해 피해를 입은 경주의
유적과 유물이 떠올랐다. 그리고 그 기억 위로 지금, 갑작스레 난리
통이 되어 버린 포항의 모습이 겹쳐졌다.

과학 기술이 눈부시게 발전했어도 지진이 언제 올지
미리 알 수 없는 게 슬퍼요….

그건 아니야 오빠. 내가 아까 기사를 봤는데, 라돈의 양을
측정하는 것으로 어느 정도 지진을 예측할 수 있대.

엉? 정말?

라돈은 강한 방사선을 방출해서 폐암을 일으키는 주요한
원인 중 하나야. 지진이 발생하기 전에, 발생지 주변에서
라돈 가스가 상당량 검출이 된대. 1995년의 고베 대지진
당시에도 전년도 10월부터 12월까지 라돈 검출량이 4배나
증가했고 지진이 발생하기 9일 전에는 무려 10배 가까이
늘었었대. 일본이나 미국, 유럽, 중국에서 라돈을 이용한
지진 예측을 연구 중이고 지진이 자주 일어나는 인도에서도
라돈량을 통해 지진을 예측하고 있대.

정음이가 설명하는 사이 삼식도 관련 기사를 읽고 고개를 끄덕
였다.

괴짜 과학자의 지구 멸망 시나리오

잠시 지체한 걸음을 다시 옮기며 삼식은 열차표 검색을 마쳤다. 택시 정류장에 서서 잠시 택시를 기다리는 동안 훈민이는 또 휴대폰으로 무언가를 열심히 읽고 있었다.

 오, 여기 보니까 퇴계 이황이 지진에 대해 읊은 한시가 있네요!

 **새벽에 지진이 나다**

비바람 뇌성벽력 하늘의 노여움 심한데
어이해 땅의 움직임 편치 않단 말인가.

기세는 산악을 가르고 소리는 바다로 내달리니
그 누가 신룡 시켜 피비린내 나는 싸움 하는가.
......

훈민이가 읽어 준 한시의 애절한 장면이 이곳 포항 지진과 오버랩되면서 포항을 떠나는 세 사람의 발걸음이 무겁게만 느껴졌다.

시나리오 2

# 폭발, 카운트다운

# 꼬마와 뚱보

"1번은 H, 수소. 2번은 He, 헬륨. 3번은… Li… 리, 리… 리듬…?"

"리튬, 바보야."

정음이의 짜증 섞인 핀잔에 훈민이의 어깨가 금세 축 처지고 말았다. 기말고사를 앞두고 함께 과학 과목을 공부 중이던 남매는 원소주기율표 외우기에서 시간을 잡아먹고 있었다. 영어와 숫자에 유독 취약한 훈민이에게는 원소주기율표 외우기가 조선시대 전체 연표 외우기보다 더 어려운 미션이었다. 하지만 과학 선생님이 꼭 시험에 내겠다고 말씀하신 터라 그냥 건너뛸 수는 없었다.

"딱 원소 20개만 외우면 되는 걸 왜 못 외우는 건데."

"아니, 정음아. 이게 내 맘대로 안 된다니까? 원소 이름도 낯선데 그걸 순서대로 알파벳 기호까지 외우라니…."

그렇게 원소 기호를 더듬거리는 훈민이의 목소리만 간헐적으로

괴짜 과학자의 지구 멸망 시나리오

새어 나오던 남매의 방에 삼식이 노크도 없이 들이닥쳤다.

"애들아, 짜장면 시켜 먹자. 탕수육도."

삼식의 말을 신호탄으로 정음이는 긴장했던 몸을 풀고 시간을 확인한 뒤 책상에서 일어났고 훈민이도 이어 자리를 털었다.

거실로 나가며 훈민이가 단골 중국집에 음식을 주문하는 동안 삼식은 지갑을 꺼내 정음이에게 건넸다. 주말 점심시간인지라 30분은 걸린다는 중국집 사장님 말에 세 사람은 쪼르륵 소파에 앉아 기다리기로 했다.

"근데 너희 원소주기율표 암기 시험 있냐?"

"네, 삼촌. 근데 너무 안 외워져요."

"내가 원소주기율 쉽게 외울 수 있는 방법 알려 줄까?"

"방법이 있어요? 알려 줘요!"

훈민이가 기대에 찬 눈으로 바라보자, 삼식은 잠시 헛기침을 하고 왼손을 주먹 쥔 채 입 앞에 가져다 댔다. 그리고 오른손은 허공에 살짝 띄우고 입을 여는데….

"요! 삼식이와 외워 보는 원소주기율! 따라와 봐, 따라와 봐, 원소주기율! 주기율은 원~소의 화학적 성질이, 원소의 일정한 순~서에 따라 주기적으로 변화한다는 법칙이지율! 주기율표는 이것을 표로 나타낸 거지율! 요, 원, 투, 스리, 포! 수소! 헬륨! 리튬! 베릴륨! 붕소! 탄소! 질소! 산…."

"삼촌, 그만!!"

기대에 찼던 눈빛에서 어느새 원망 가득한 눈빛이 된 정음이가 삼식의 노래를 막았다. 훈민이 역시 괜한 기대를 했구나 생각하며 머리를 쥐어뜯자 삼식은 민망해져 머리를 긁적였다.

"이렇게 외우면 진짜 잘 외워지는데. 재미있는 랩으로 외우는 원소주기율. 얼마나 좋아?"

와, 삼촌. 재미있는 랩이요? 핵노잼이에요, 핵노잼!

"핵노잼? 핵노잼이 무슨 말이냐?"

삼식이 머리를 더욱 세게 긁적이며 묻자 훈민이가 그것도 모르냐는 얼굴을 했다.

"삼촌, 핵노잼 몰라요? 핵 재미없다, 핵, no, 재미. 핵노잼!"

"허어… '핵'이라는 과학의 정수가 고작 그런 말장난에 사용되다니…"

혀를 끌끌 차는 삼식의 얼굴에 과학자의 비통함(?)이 떠올랐다.

잠시 후 짜장면과 탕수육이 배달되고, 세 사람은 거실 한복판에 신문지를 깔고 주말 짜장 파티를 벌였다. 입가에 짜장을 묻혀 가며

괴짜 과학자의 지구 멸망 시나리오

허겁지겁 식사를 하던 훈민이는 습관적으로 텔레비전을 켰다. 원래 주말 낮 시간이면 재미있는 예능이나 드라마 재방송이 나올 때였다. 그런데 화면에 나타난 건 뉴스 스튜디오였다. 그리고 앵커가 전하는 소식은 '북, 핵실험 징후'였다.

**"Oh my God!"**

텔레비전을 보자마자 삼식은 쥐고 있던 젓가락을 내팽개치며 소리쳤다. 그러고는 남매가 말릴 틈도 없이 자신의 방으로 직행, 곧이어 가방을 멘 채 나타났다. 정음이는 삼식이 일어날 때부터 설마설마하는 마음이었다가 역시 예상했던 모습 그대로 나타난 삼식에 황당한 듯 젓가락을 슬며시 내렸다. 또 자신이 나설 차례였다.

"삼촌, 밥 먹다 어디 가는데요."

"얘들아, 꽁 박사의 지구 멸망 시나리오의 또 다른 주인공이 나타났다."

발광하는 LED처럼 번쩍이는 삼식의 눈빛. 정음이는 삼식의 멸망론 고질병이 시작되었음을 직감했다. 말문이 막힌 정음이 대신 훈민이가 물었다.

"또 다른 주인공이요?"

"응. 이놈은 천지를 크게 뒤흔들 만한 힘이 있지."

"그건 지진 아니에요?"

"아니야, 훈민아. 이놈은 세상에 태어난 지 100년도 채 되지 않았거든."

"그럼 로봇?"

"No! 힌트를 더 줄까? 이놈은 60여 년 전, 일본에 '꼬마'와 '뚱보'라는 이름으로 잠깐 방문한 적 있어."

"꼬마와 뚱보…?"

힌트를 들어도 뭔지 모르겠다는 훈민이의 표정에 정음이가 대신 나섰다.

핵폭탄이죠? 꼬마와 뚱보라는 이름으로 일본에 갔다는 건, 제2차 세계대전 당시 미국이 히로시마와 나가사키에 'little boy'와 'fat man'으로 불리는 핵폭탄 2개를 각각 투하한 일을 말하고요.

정답. 그 일로 인해 일본은 한순간에 20만여 명이 사망했고 8월 15일 무조건 항복을 선언했지.

그럼 삼촌의 지구 멸망 시나리오 2탄은 핵전쟁 발발이에요?

그래! 정음아. 자, 그럼 난 오늘의 멸망론 연구를 위해 잠시 나갔다 와야겠다. 핵문제 연구에 빠삭한 친구가 있거든. 아마 도서관에 있을 텐데 오랜만에 그 친구 좀 만나야겠어.

괴짜 과학자의 지구 멸망 시나리오

삼식이 현관에서 신발을 신으며 말했다. 그러자 훈민이가 냉큼 일어나 삼식을 잡았다.

"같이 가요!"

삼식은 등에 멘 가방끈을 손으로 잡으며 한숨을 푹 내쉬었다. 지난 포항 지진 때부터 같이 다니겠다는 걸 말렸어야 했는데. 삼식은 벌써 현관에 나와 신발을 신는 훈민이를 뜯어말리려다, 우리 집 안 고집이 어디 가겠냐 싶어서 그냥 포기하고 고개를 끄덕였다.

빠직. 순간 정음이의 이마에 힘줄이 튀어나왔다. 이 사람들이 지금 제정신인가.

"아니 둘 다 그냥 나가 버리면 먹던 건 나 혼자 다 치우라는 거예요? 오빠, 빨리 와서 이거 치워! 삼촌도 신발 벗고 들어와서 이거 정리해요!"

정음이의 호통이 날아들자 삼식과 훈민이는 헐레벌떡 신발을 벗고 들어와 얼른 자리를 정돈했다.

# 과학을
# 무기로 삼다니?

짜장면 그릇을 깔끔히 정리해 대문 앞에 두고서 세 사람은 삼식의 자동차에 함께 올라탔다. 가는 동안 새롭게 추가되는 북 핵실험 관련 뉴스를 듣기 위해 훈민이가 라디오를 켰다. 라디오에선 이번 북한의 핵실험이 실패로 보이며, 국제사회의 압박에 대한 반발로 이뤄진 것 같다는 논평이 흘러나오고 있었다.

"삼촌, 국제적으로 핵무기를 사용하지 말자는 약속을 한 적이 있지 않나요? 핵 확산… 금지 조약이었나?"

"맞아. 1968년 7월 미국, 영국 등 56개국이 핵무기 보유 방지를 목적으로 체결했지. 미국이 원자폭탄으로 전쟁에서 승리하긴 했지만 주변 나라들의 손가락질에서는 자유로울 수 없었거든. 무고한 시민이 죽었고 그 자손들까지 피폭 후유증으로 고생하고 있으니까. 북한도 그 조약에 가입해 있다가 탈퇴를 한 거고."

원자폭탄 공격은 결국엔 아무도 이긴 자가 없는 의미 없는 공격이었다. 그 이후로 전 세계가 더 이상 핵무기를 개발하지 않고 이미 개발된 핵무기의 사용을 금지하자는 움직임들을 보이기 시작한 점을 기억하며 정음이가 말했다.

"북한의 옛 지도자들은 자신의 권력과 지위를 유지하기 위해 과학을 도구로 선택한 거죠? 그래서 과거 일본의 콧대를 꺾어 놓았던 미국의 핵무기에 관심을 갖기 시작한 거고요."

"그렇지. 그래서 김일성은 구소련에서 쓸모가 없어진 원자로를 들여와 구소련의 뒤에 숨어 핵을 연구했어. 그런데 그만 프랑스에 발각되고 말았어. 국제사회는 북한을 옥죄기 시작했지. 결국 북한은 1992년 1월에 IAEA라는 이름의 국제원자력기구의 사찰을 수용할 수밖에 없었어. 대신 대충 넘기려 했지.

그런데 국제원자력기구는 북한에 핵개발을 멈췄다는 직접적인 증거를 요구했어. 김일성은 고민에 빠졌어. 그러다 결국 국제원자력기구의 요구를 그대로 묵살하기로 했지. 그리고 핵 확산 방지 조약에서 탈퇴하겠다는 신청서를 제출하기까지 했단다. 그때는 탈퇴까진 가지 않았지만 말이야.

이후로 쭉 국제사회와 북한 사이에선 살얼음판을 거니는 듯한 긴장감이 지속되었어. 언제고 다시 한반도에서 전쟁이 벌어질 수도 있다는 우려와 걱정이 늘 존재했지."

삼식은 부드럽게 핸들을 돌리다 신호에 걸려 잠시 멈춘 사이 고개를 돌렸다.

"바로 그때 나타난 게 당시 미국의 대통령이었던 지미 카터야. 그는 온건주의자로, 북한과의 관계 정상화를 위해 김영삼 대통령과 많은 노력을 기울였어. 덕분에 차갑던 분위기는 점차 따뜻해져 남북 정상회담이 개최될 만큼 희망적이었어. 그런데 전혀 예상치 못한 일이 벌어졌단다. 혹시 뭔 줄 아냐, 정음아?"

잠시 상념에 빠져 있던 정음이에게 삼식이 질문의 화살을 돌렸다.

김일성 사망?

정답. 그로 인해 남과 북의 화해 무드가 다시금 제자리걸음을 한 건 누구나 예상 가능한 시나리오였지.

삼식의 차가 목적지인 도서관 앞 카페 주차장에 닿았다. 차가 완전히 멈추자 세 사람은 차에서 내려 카페 안으로 들어갔다. 도서관에 도착해서야 친구에게 잠깐 만날 수 있냐고 전화하는 삼식을 보면서 그의 무계획성에 다시 한 번 놀란 정음이는 계산대로 가 음료를 주문해 받아 왔다.

"시간이 조금 뜨는데 아버지 김일성으로부터 권력을 넘겨받은 두 번째 지도자 김정일은 어땠는지 계속 이야기해 볼까? 김정일은 자신의 권력을 지키는 것에 더욱 열을 올렸어. 막강한 핵무기의 파위를 원했지. 김정일은 자신 있게 미국을 상대로 제안을 했어. 우리가 핵개발을 안 할 테니 대신 미국이 개발한 경수로를 북한 땅에 지어 달라고 말이야."

흥미진진한 이야기에 정음이가 레모네이드를 쪼옥 빨아먹었다. 표정엔 시니컬한 미소가 떠올랐다. 과학이란 학문은 인간생활을 이롭게 하는 유익한 것인데 핵을 무기로 이용한다니? 정음이는 그 발상 자체가 떨떠름했기 때문이다.

"헌데 그 제안은 미국에게 북한 핵도 포기시키고 경수로 공사로 주머니도 채우는, 뭐 하나 버릴 게 없는 제안이었어. 그래서 미국은 오케이 사인을 보내며 동시에 고마움의 보답으로 매년 중유도 보내주겠다고 해."

"중유요?"

"중유란 원유를 고온으로 끓여서 분리해 낸 기름의 종류 중 하나야. 원래 땅속이나 바닷속에서 얻은 원유는 여러 종류의 기름과 각종 불순물이 혼합되어 있어. 이걸 끓이면 기화되는 기름들을 끓는점에 따라 분리해 낼 수 있지. 과학자들은 이걸 액체를 증발시키되 끼리끼리 모은다고 해서 '분별증류'라고 불러."

"기름을 왜 분리하는데요…?"

"음, 이건 논점에서 벗어나는 이야기긴 하지만 알아 두면 좋으니 잠깐 설명해 줄게. 기름을 써서 동작하는 기계들은 액체 기름 자체를 쓰지 않아. 정확히 말하자면 액체로 된 원유를 기화시켜서 언은 기체에 불을 붙여 사용하는 것이지. 만약 자동차 안에 들어 있는 기름들이 이것저것 섞여 있는 혼합물의 형태라면 어떤 일이 벌어질까?"

"어… 동일한 온도에서 한 번에 기화되어 연소되는 것이 아니라 찔끔 타다가 꺼지고, 또 나머지가 찔끔 타고. 자동차의 엔진이 움직이다 멈추고, 또 조금 움직이다 멈추고 하겠죠?"

"그래. 기계 자체의 움직임이 연속적으로 이루어질 수 없어. 그래서 원유를 각 쓰임에 맞게 끓는점별로 따로 분리해 놔야 하는 거야. 그중에서도 중유는 커다란 기계의 연료로 쓰이는 기름인데, 덩치 큰 탄소 덩어리로 이루어져 350℃ 이상의 고온에서 기화되지.

이 정도면 중유에 대한 이해는 어느 정도 됐을 것이라 생각하고, 다시 미국이 북한에게 경수로를 지어 주기로 했던 얘기로 돌아가자. 얘들아, 조금 이상하지 않아? 우리가 지금껏 보아 온 미국은 절대 자신에게 해가 되는 행동은 하지 않아. 그런 미국이 경수로를 자기들 돈을 투자해 지어 줄까?"

남매가 동시에 고개를 가로저었다. 잠깐 생각해도 그건 말도 안 되는 일이었으니.

"그럼 북한이 건설비를 전부 낼까?"

이번에도 남매는 질문에 부정했다. 삼식은 자주 하는 포즈인, 두 손을 맞잡아 턱 밑에 괴었다.

"맞아. 북한이 그 정도 돈이 있었다면 그리 어렵게 살아가지도 않았을 테지. 자, 미국은 돈을 낼 생각이 없었고 북한은 낼 돈이 없었어. 그럼 대체 건설비를 누가 낸다는 걸까?

남은 나라는 단 하나, 바로 우리나라야. 남한이 경수로 건설비의 70%를 충당하기로 하고 북한은 무상으로 경수로를 지원받고 거기에 기름까지 선물 받았지."

정말 남는 장사 아니냐?

이어 삼식은 1995년 김영삼 정부 때 한·미·일이 참여하는 한반도 에너지 개발기구가 설립되었고 이후 경수로 공급협정을 체결한 뒤 1997년 함경남도 신포지구에서 착공식을 거행한 일, 본격 공사는 2001년에 시작했는데 공사가 30% 정도 진행된 상태였던 2002년에 북핵 문제가 재발한 일, 그래서 2003년 12월부터 2년간 사업이 중단되었고 후에 공사를 재개했다가 다시 중단하는 등 지지부진하다 결국 2006년도에 완전 중단된 일 등 일련의 과정을 빠짐없이 설명해 주었다. 그리고 그동안 지어진 경수로를 이용해 북한은 계속해서 핵무기 개발을 할 수 있었다는 것도 덧붙여 알려 주었다.

# 우라늄 형제
# 이야기

　　세 사람이 추가로 주문한 생크림케이크와 치즈케이크를 순식간에 먹어 치우는데, 옆 테이블에서 와글와글하던 학생 무리의 목소리가 삼식의 귀로 흘러들었다.

　　"이거 핵 맛있어. 먹어 봐."

　　"와, 핵맛! 핵맛!"

　　핵맛? 삼식은 알 수 없는 학생들의 외침에 그것이 설마 아까 훈민이가 말했던 핵노잼의 연장선이 아닌가 싶었다.

야, 훈민아. '핵맛'이
설마 어마어마하게 맛있다는 말이냐?

"오! 삼촌이 그걸 어떻게 아세요? 핵노잼이 뭔지도 몰랐으면서?"

"역시는 역시군…. 핵이 어떻게 에너지를 내는지는 알고 핵맛이니 핵노잼이니 이런 말을 쓰는 건지. 훈민이 너도 모르지? 핵에너지의 생성 원리. 좋아, 남은 시간 동안은 그걸 한번 파헤쳐 보자."

훈민이의 표정이 썩어 들어갔다. 가뜩이나 과학 시험공부도 힘든데 핵에너지 공부라니. 그것만은 참아 달라는 메시지를 가득 담아 삼식을 바라보았지만 삼식은 이미 이야기를 시작하기 위해 가방에서 큰 노트를 꺼낸 참이었다.

"자연계에 존재하는 모든 원소들은 자신에 대한 설명이 적힌 '원소 등록증'을 가지고 있어. 이를 통해 그 원소가 양성자를 몇 개 가지고 있고 어떤 특성이 있는지 알 수 있지. 이게 원소 등록증의 예시야."

삼식은 노트에 네모를 한 칸 그리고 무언가를 써 남매에게 보여 주었다.

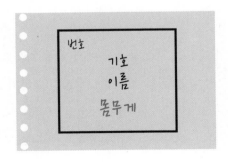

"어라, 몸무게가 들어가요?"

훈민이가 깜짝 놀라 물었다.

"그래. 이 몸무게라는 건 원자량이란 의미인데, 이를 통해 어떤 원소가 돌연변이인지 아닌지를 알 수 있어. 과학계에서는 원소 등록증을 토대로, 원소 기호는 같으나 몸무게가 다른 돌연변이 원소들을 통틀어 '동위원소'라고 이름 붙였어.

자, 이제 본격적으로 들어가 보자. 우리가 핵에너지에 대해 이야기를 하면서 다룰 것은 바로 우라늄이라는 원소와 그의 동위원소야. 우라늄의 원소 등록증은 이래."

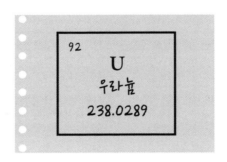

삼식은 아까 그렸던 원소 등록증 예시 옆에 우라늄의 원소 등록증을 나란히 그려 넣었다. 남매는 두 그림을 비교하며 보았다.

"보다시피 우라늄은 원자량이 238이야. 그런데 0.7% 소수의 돌연변이들이 존재해. 원자량이 세 개 적은 동위원소가 있다는 말이

지. 그럼 동위원소 우라늄 235는 우라늄 238과 어떻게 다른지 알아
보자. 너희 '닌자거북이' 알지?"

삼식이 자신에 차 물었다. 그런데 남매는 처음 들어 본다는 듯
모른다고 답했다. 이것이 세대 차이인가. 삼식은 잠깐 세월의 무상
함을 탓하고 다른 예를 들었다.

'엑스맨'은 알지?

당연히 알죠. 돌연변이가 나오는 영화잖아요.

그제야 세대가 맞았는지 정음이가 답했다. '엑스맨'은 SF 영화
를 좋아하는 정음이가 가장 재미있게 본 영화였다.

"그래. '엑스맨'에 나오는 돌연변이들을 떠올려 봐. 힘이 어마어
마하거나 투명인간이 되는 등 초능력을 가지고 있어. 우라늄 235에
게도 특별한 능력이 있단다. 이해하기 쉽게 이야기로 설명해 줄게.

우라늄 형제가 있었어. 형의 이름은 우라늄 238, 동생의 이름은
우라늄 235였지. 서로 다른 몸무게 때문에 붙은 이름이었어. 형은
성격이 유해서 사람들 틈바구니에 있어도 전혀 튀지 않았지.

그런데 동생은 형과 성격이 전혀 달랐어. 아주 불같았거든. 누가
건드리기만 해도, 아니 누가 건드리려고만 해도 불같이 화를 내곤
했어. 주변에 화를 내는 걸 넘어서 본인 자신에게도 좋지 않은 영향

을 끼칠 정도였지. 우라늄 235는 흥분이 극에 달하면 몸이 쩍쩍 갈라졌거든. 이런 불안정한 성격 때문에 동생은 우주에서 0.7%밖에 존재하지 못했지. 주변에서는 이런 동생을 두고 우라늄 집안의 돌연변이라고 불렀어.

그리고 우라늄 235는 분노해서 쪼개질 때 자신의 몸 안에 있던 무언가를 내보냈어. 과학자들은 이를 연속적으로 일어나는 반응이라고 하여 '연쇄반응'이라 이름을 붙였어. 우라늄 235는 중성자와 충돌하면 다른 두 개의 원자로 쪼개지면서 다시 평균 2.5개의 중성자들을 방출해. 이 연쇄반응을 수식으로 나타내면….”

삼식이 노트에 큼지막하게 글씨를 쓰자 남매의 눈길이 뒤따랐다.

> 우라늄 235 원자 1개 + 중성자 1개
> = 깨진 조각 2개(from 우라늄 원자) + 중성자 2.5개

“그런데 놀랍게도 이 식은 올바른 표현이 아니야.”

“엥?”

순간 남매가 동시에 눈을 동그랗게 떴다. 삼식이 뜸을 들이자 정음이가 재촉했다.

“수식엔 문제가 없는 거 같은데요. 왜 올바르지가 않아요?”

"빼먹은 것이 한 가지 있거든. 더욱이 이것은 원자력 발전에 있어서 가장 중요한 핵심이기까지 해."

삼식의 힌트에도 남매는 갈피를 못 잡고 오리무중에 빠졌다. 그 모습에 삼식은 다시 조용히 힌트를 흘렸다.

"등잔 밑이 어둡다고 하잖아. 처음부터 천천히 다시 살펴봐. '원자력 발전'이라는 표현부터 생각해 보라고."

 원자력 발전이면 원자력을 이용해 에너지를 생산하는 일일 텐…. 아! 에너지!

"역시 정음이 넌 찾을 줄 알았다. 이 식에는 어디에도 에너지의 흔적이 없어. 식을 올바르게 쓰면 이렇게 돼."

우라늄 235 원자 1개 + 중성자 1개 〉
깨진 조각 2개(from 우라늄 원자) + 중성자 2.5개

"부등호는 질량의 측면에서 나타낸 거야. 우라늄 235의 질량이 중성자를 만난 후 아주 조금 줄었거든. 그렇다면 줄어 버린 질량은 어디로 갔을까? 사실 질량은 사라진 것이 아니라 에너지의 모습으로 탈바꿈한 거야. 즉, 핵에너지는 우라늄 235의 핵반응에서 질량

결손으로 방출되는 에너지인 거지. 그림으로 간단히 보자면, 요렇게!"

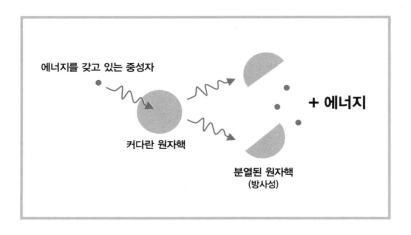

에너지를 갖고 있는 중성자

커다란 원자핵

분열된 원자핵
(방사성)

+ 에너지

그제야 의문이 완벽히 해결되었는지 정음이가 밝게 미소 지었다. 그리고 언젠가 읽었던 아인슈타인에 관련된 도서에서 그가 살아생전 정리한 질량-에너지 등가의 법칙인 '$E=mc^2$'을 떠올렸다. 질량과 에너지는 상호 변환될 수 있으며 등가라는 법칙인데, 이 간단한 표현이 핵에너지를 이해하는 기초에도 활용되다니. 생각하면 할수록 신기했다.

"사실 우라늄 원자 하나가 중성자를 만나 분열한다고 해도 나오는 핵에너지는 소량이야. 하지만 아까 말했듯 우라늄은 연쇄반응을 하기 때문에 계속해서 분열이 일어나. 그러니까 '우라늄의 핵분

괴짜 과학자의 지구 멸망 시나리오

열 연쇄반응'이 원자력 발전의 핵심인 거지."

삼식은 맑아진 정음이의 눈빛을 바라보며 이야기를 마무리 지었다. 그리고 훈민이에게로 시선을 돌렸다. 훈민이도 잘 이해했으리라…. 하지만 훈민이의 표정은 전혀 그렇지가 않아 보였다.

"훈민아… 이해했지…?"

그러나 돌아오는 건 멋쩍은 훈민이의 표정.

"사실… 중성자 내용부터 뇌 기능 스톱이었어요. 왜냐면… 중성자가 뭘까 하는 의문 때문에 잠깐 생각하다가 보니까 어느새 이야기는 절정에…."

"그래, 미안하다. 설명을 뛰어넘긴 이 삼촌을 탓하렴. 중성자란 간단히 말하면 외로움을 많이 타는 우주의 기본 입자인데, 이동 속도에 따라서 크게 두 가지로 나뉘어. 빠르게 다가오는 것은 '고속중성자'라 부르고 느리게 다가오는 것은 '저속중성자'라 부르지. 그런데 저속중성자에게는 또 다른 별명이 있어. 바로 '열중성자'야. 235 질량의 우라늄은 고속중성자보다는 열중성자에 취약해. 그래서 조건만 잘 맞으면 주는 대로 받아먹어. 우리가 핵 발전을 할 때 사용하는 중성자는 이 열중성자야."

삼식의 보충 설명에 이제 만족했는지 훈민이도 가뿐한 표정을 지었다. 그러곤 과학 시간에도 이렇게만 집중하면 좋을 텐데 하고 혼자 핀잔을 했다.

삼식은 우라늄 235에 대한 설명이 어느 정도 된 듯하자 남아 있는 이야기를 마무리하기로 했다.

"자, 그럼 아까 스치듯 지나간 우라늄 235의 형, 우라늄 238에 대해서도 알아볼까? 우라늄 238은 부드러운 성격 덕분에 우주에서 99.3%나 차지할 수 있었어. 그런데 형의 마음 한쪽에는 동생과 같은 막돼먹은 성질이 자리 잡고 있었어. 아무도 몰랐지. 평소에 티를 내지 않으니까 말이야. 그러던 어느 날, 누군가 그에게 억지로 음식을 먹이면서부터 문제가 생겨났어. 우라늄 238은 중성자라는 음식을 하나 더 먹고 우라늄 239가 되었는데, 몸무게가 늘어나자마자 내면에 숨어 있던 불같은 성격이 타오르기 시작한 거야.

그러고는 자신의 이름을 '플루토늄 239'라고 바꾸기까지 했어. 한 번 폭주하기 시작한 형은 돌연변이라고 소문난 동생 저리 가라였지. 플루토늄 239는 2.9개의 중성자를 방출했어. 2.9개의 중성자가 또 다른 우라늄 원자들을 공격한다고 생각해 봐. 연쇄적으로 방출되는 핵에너지는 더 클 수밖에 없었지.

1945년 히로시마에 떨어진 건 우라늄 235로 만들어진 동생 폭탄 little boy였고, 이후 나가사키에 떨어진 건 플루토늄 239로 만들어진 형 폭탄 fat man이었어. 일본이 두 손 두 발 다 들 수밖에 없었던 거야."

삼식의 이야기에 정음이와 훈민이는 동시에 머릿속으로 세계대전 당시 일본에 핵폭탄이 떨어지던 장면을 떠올렸다. 언젠가 텔레비전에서 보았던 버섯 모양의 큰 구름을 만든 장본인을 알게 되니,

괴짝 과학자의 지구 멸망 시나리오

그 작은 원소가 가진 무시무시한 힘을 한 번에 받아들이기가 어려울 정도였다.

어느덧 약속 시간까지 얼마 남지 않았다. 삼식은 슬슬 자리를 정리하고 10분 후에 일어나자며 노트를 덮었다. 그런데 훈민이가 그 몸짓을 막고는 새로운 페이지를 펼치더니, 대뜸 무언가를 그리기 시작했다. 뭐 하는가 싶어 삼식과 정음이가 짐을 챙기다 말고 기다리자 훈민이가 그려 내놓은 건 원자력발전소의 모습이었다. 물론 조악하기 그지없는 훈민이의 그림 실력 때문에 기괴한 모습이었지만, 어쨌든 큰 기둥에서 연기가 나고 근처에 바닷가가 있는 등 원자력발전소인 건 알아볼 수 있었다.

훈민이는 자신이 그린 그림을 손으로 짚으며 말했다.

"삼촌, 그럼 원자력발전소에서 경수로는 어디예요? 아까 북한 관련 이야기할 때, 우리나라가 경수로 건설 비용을 냈다고 했는데 경수로가 뭔지 여쭤본다는 게 깜빡했네요."

"아, 경수로? 그건 감속재랑 관련된 건데. 내가 아까 연속적인 원자력 발전을 위해서는 속도가 느린 열중성자가 가장 좋다고 했지? 그럼 중성자의 이동 속도를 줄여 줄 장치가 필요해. 그건 바로 물이지. 과학자들은 중성자의 속도를 줄이는 감속재로서 바닷물을 이용했어.

경수로는 감속재로 사용하는 물의 분자량이 적은 가벼운 물이라 하여 '가벼울 경輕, 물 수水' 자를 써서 경수로인 거고, 반대로 무거운 물도 있는데 그건 중수로야. 중수가 중성자의 이동을 잘 막아서 속도를 줄여 주는 데는 더 탁월해. 다만 중수는 일반적인 물이 아니야. 그래서 일반적인 물과 섞여 있는 걸 따로 분리해야 해.

원자력발전소에 있는 커다란 알약처럼 생긴 탱크가 원자로야. 그 탱크 내에 감속재로서 경수가 들어 있다면 경수형 원자로, 중수가 들어 있다면 중수형 원자로가 되는 것이지.”

삼식이 돔형으로 그려진 발전소 탑을 가리키며 말하자 훈민이가 이해했다는 듯 고개를 끄덕였다.

“지난 번 포항에 갔을 때 정음이가 그랬잖아요, 원자력발전소가 해안가에 위치한 이유는 발전에 필요한 수증기를 만들기 위해서라고. 그 이유에 더해서 중성자의 속도를 줄일 감속재로 바닷물을 이용하기 위해 발전소가 해안가에 위치하는 것이기도 하겠네요?”

짝짝짝짝짝—.

삼식과 정음이의 우렁찬 박수가 훈민이에게 날아들었다. 어쩐지 정음이는 감격까지 한 것 같았다. 우리 오빠가 저런 이야기를 할 줄이야….

“덧붙이자면 원자력발전소가 해안가에 있어야 하는 이유는 또 한 가지 더 있어. 원자로의 온도를 낮추는 역할을 할 냉각수로 바닷물을 사용하기 위함이지. 원자로의 열기를 그냥 두면 끝 모르고 올라가 수천℃까지 다다르기 때문에 냉각은 필수거든. 그래서 바닷물을 끌어다 원자로를 식혀 줘.

원자로의 온도가 80℃만 넘어가도 과학자들은 촉각을 곤두세우고 관찰해. 고온으로 인해 물이 증발될 것까지 우려하여 압력을 강하게 주기도 하고. 안 그랬다간 원자로가 고온으로 치달아 원자로 안에 남아 있는 물이 수소와 산소로 분해되고, 이로 인해 수소 대폭발이 일어나게 될 테니까."

삼식의 무서운 말투에 훈민이가 흠칫 몸을 떨었다. 유익한 만큼 자칫하다간 엄청난 피해를 가져올 수도 있는 원자력발전소의 양면성이 신기하기도 했다. 인간이 조금만 안일하게 행동했다가는 원자력발전소에서 나오는 방사능이나 핵폭발의 위험은 현실로 다가올 터였다.

잠시 세 사람이 침묵하는 사이, 삼식에게 친구로부터 문자가 왔다. 지금 도서관 휴게실에 있다는 것이었다. 세 사람은 자리를 정돈하고 카페를 나섰다.

# 분열과
# 융합의 세계

　주말 도서관 휴게실은 사람들로 북적거렸지만, 정음이와 훈민이는 삼식의 친구라는 사람이 누구인지 단박에 알아챌 수 있었다. 삼식이 그 어떤 힌트를 주지 않았음에도 말이다. 그도 그럴 것이, 주머니가 많이 달린 짙은 감색 바지에 상의는 산악용 점퍼를 입고 당장에라도 사파리에 뛰어갈 듯한 모자를 쓴 사람이 노트북을 신나게 두드리고 있었기 때문이다.

　삼식이 친구를 발견하고 손을 번쩍 들며 다가가자 남매가 천천히 뒤따랐다.

　"오랜만이야, 봉 탐험."

　"어서 와, 꽁 박사."

　'봉 탐험이래!!' 남매는 삼식이 친구를 부르자마자 서로를 쳐다보며 소곤거렸다. 사람 이름이 어떻게 탐험이냐며 훈민이가 속닥거리자 정음이가 조용히 하라며 옆구리를 찔렀다. 남매는 삼식의 친구에게 가까이 다가가서 인사했다.

"어, 그래. 너희가 꽁 박사랑 같이 살고 있다던 조카들이구나. 안녕. 나는 너희 삼촌과 「멸망의 시계추를 멈추려는 과학자의 모임」에서 지구 멸망을 막기 위해 연구하고 있는 봉 탐험이다. 아, 봉 탐험은 별명이고 본명은 봉기태야."

남매는 기태의 말에 그제야 의문이 풀린 얼굴이었다. 두 사람이 어찌 친구가 되었는지도 단박에 알 수 있었다. 삼식이 주인장으로 있는 온라인 커뮤니티의 회원이라니, 말 다 했지 뭐.

남매는 고개를 숙여 기태에게 다시 인사하고 세 사람은 기태가 앉아 있던 테이블에 합석했다. 테이블 위에는 기태의 노트북, 북한 관련 서적, 종이 신문, 그리고 삼식의 수첩만큼이나 너덜너덜한 기태의 노트가 펼쳐져 있었다.

그 정신없는 광경에 정음이가 혀를 내두르며 조심조심 정리하는데, 이미 삼식과 기태는 이번 핵실험의 위험성에 대해 열띤 토론을 펼치기 시작했다. 그 덕에 곁가지로 벗어난 남매는 한동안 말없이 두 사람을 바라보다, 결국 훈민이가 끼어들었다.

 저기, 삼촌들. 두 분의 연구가 굉장히 중대한 건 알겠는데요. 저희한테도 설명 좀 해주시면 안 될까요?

그제야 토론을 멈춘 삼식과 기태는 서로를 바라보았다.

 좋아. 뭐부터 말해 볼까? 일단 원자폭탄에 대해 얘기할까? 너희 현재 국제사회가 촉각을 곤두세우고 있는 '어떤 기술'을 알고 있니? 국제사회는 북한이 이 기술을 가지는 것에 대해 굉장히 두려워하고 있어. 그 기술이란 바로 쓰레기 재활용 기술이야.

 쓰레기 재활용 기술 때문에 국제사회가 북한을 압박한다고요?

 전 세계에서 집중하고 있는 쓰레기는 다름 아닌 핵 발전을 끝내고 난 쓰레기, '핵폐기물'이거든. 너희 혹시 핵에너지 생성 원리를 아니?

 네! 우라늄의 동위원소인 우라늄 235에 속도가 느린 열중성자를 더하면 핵분열 반응이 나타나는데, 그때 질량이 손실되면서 핵에너지가 만들어져요. 그리고 이 반응은 연쇄적으로 일어나죠. 그래서 핵 발전으로 엄청난 양의 에너지를 생성할 수 있는 거예요.

 오, 훈민아. 너 과학 좀 하나 보다?

 아, 아하하… 그게 대략 한 시간 전에 들은 내용이라 까먹을 수가 없어서요.

괴짜 과학자의 지구 멸망 시나리오

훈민이는 겸연쩍은 미소를 띠었다. 자판기에서 음료수를 뽑아 온 삼식은 그런 훈민이가 기특해 머리를 살짝 쓰다듬어 주었다.

"그래, 돌연변이 원소인 우라늄 235가 핵 발전에 쓰이지. 그럼 자연에 존재하는 우라늄의 대부분인 우라늄 238은 아무짝에도 쓸모가 없을까?"

기태의 질문에 정음이가 조심스레 말했다.

"우라늄 238은 자연에 존재하는, 안정한 형태의 원소이지만 핵폭탄 제조에 있어 핵심 재료이자 플루토늄의 원료가 될 수 있다는 걸 삼촌한테 들었어요."

"그렇지. 너희가 알다시피 우라늄 235는 속도가 느린 열중성자와 반응을 하여 핵분열을 일으켜. 근데 사실 빠르고 느리다는 건 상대적인 개념이야. 고속중성자보다 약간 느리거나 저속중성자보다 약간 빠른, 중간 속도의 중성자도 있을 수 있단 말이지. 과학자들은 이런 중속 중성자를 '열외 중성자'라 부르기로 했어. 그리고 이 열외 중성자는 우라늄 238을 만나면 분열을 일으키지 않고 흡수돼."

"어? 그러면 플루토늄 239가 만들어지지 않나요?"

하려던 답을 가로챈 훈민이에게 인자한 미소를 지으며 기태는 자신의 노트에서 원자력발전소의 원자로 구조도가 붙어 있는 페이지를 펼쳤다.

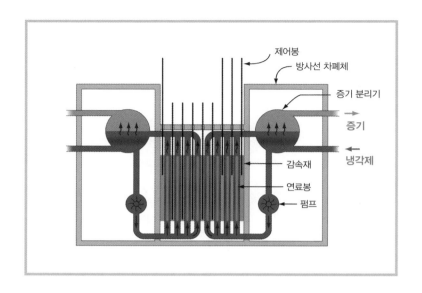

"우라늄 덩어리로 이루어진 핵연료봉은 에너지 생성을 끝마치고 나면 미처 반응하지 못해 남아 있는 소량의 우라늄, 그리고 열외 중성자를 흡수하여 만들어진 플루토늄의 혼합물이 돼. 과학자들은 이 핵연료봉이 아까웠어. 우라늄과 플루토늄의 혼합물을 분리해서 우라늄만 재사용하고자 노력한 거지. 과학자들은 이 기술을 성공해 냈어. 그리고 이 기술을 '우라늄의 재처리 기술'이라 불렀지. 이것이 국제사회가 반대한 쓰레기 재활용 기술이야. 그런데 왜 전 세계는 이 기술을 반대하고 나선 걸까? 재활용이면 좋은 거잖아."

질문을 던지는 기태에 남매가 눈을 굴렸다. 그러다 정음이가 짚이는 곳이 있는지 눈을 번뜩 떴다.

핵연료봉에서 우라늄을 빼고 남는
플루토늄 때문 아닌가요?

 맞았어. 다 쓴 핵연료봉에 남은 플루토늄 239는 인공적으로
만들어진 돌연변이야. 즉, 분열하기 쉬운 형태를 띠고 있지.
이런 플루토늄 239를 한데 모으고 모아 농축하면?

 …핵폭탄이 되겠네요.

드디어 결론에 도달하자 기태는 버릇인 듯 손가락을 뚝뚝 소리
가 나게 스트레칭을 했다. 그런 기태를 대신해 삼식이 첨언했다.

"어딘가에서 우라늄이 아닌 플루토늄으로 핵폭탄을 만들었다
면 핵분열을 이용한 폭탄 제조 기술이 극에 달했다는 의미로 해석
해도 무방해."

"그럼 삼촌, 수소폭탄은 뭐예요?"

챙겨 온 가방에서 노트를 꺼내 방금까지 기태와 나눈 이야기들
을 간략히 정리하던 정음이가 오늘 이 짧은 여행의 단초가 된 것이
문득 북한의 수소폭탄 실험 뉴스 때문이었던 걸 깨닫고 물었다. 이
질문에는 삼식이 답을 했다.

"수소폭탄은 플루토늄이나 우라늄을 기반으로 한 원자폭탄보
다 진보한 기술이야. 원자폭탄이 핵분열을 이용한다면, 수소폭탄은
이 핵분열 에너지를 시작으로 궁극적으론 핵융합을 이끌어 내거든.

이건 실로 엄청난 기술이야. 일반적으로 수소폭탄은 원자폭탄보다 수백 배 강한 위력을 갖는다고 알려져 있지."

"핵융합은 핵분열과 뭐가 달라요?"

"핵융합이란 건 가벼운 몇 개의 원자핵이 핵반응으로 결합하여 무거운 원자핵이 되는 걸 말해. 핵융합 기술을 이용한 수소폭탄이 처음 제조된 건 제2차 세계대전 때야. 미국의 핵폭탄 제조 프로젝트에 참여한 헝가리 태생 젊은 과학자 에드워드 텔러가 성공해 냈고, 현재 공식적으로 수소폭탄을 보유하고 있다고 전해지는 국가는 미국, 러시아, 영국, 프랑스, 중국 이렇게 다섯 곳에 지나지 않아.

핵융합은 어마어마한 폭발력으로 인류를 멸망시킬 수도 있지만 반대로 인류에게 번영을 가져다줄 수도 있어. 수많은 과학자들은 핵융합의 긍정적인 면에 대해 한결같이 입을 모으고 있지. 자원이 한정적인 지구에서 우리가 살아남을 방법은 어마어마한 양의 에너지를 얻을 수 있는 수소 핵융합이라는 거야. 1g의 재료만으로 석유 6t과 맞먹는 에너지를 만들어 낼 수 있는 데다가 수백 g이 있으면 거대한 핵융합발전소를 하루 동안 돌릴 만큼의 전기를 만들어 내니까. 마치 같은 자리에서 끝없는 에너지를 주고 있는 태양처럼. 그래서 과학자들은 이런 태양을 직접 만들어 보기로 결심했어. 이른바 인공 태양이지."

# 인공 태양이라니?

인공 태양이요?

남매는 눈을 동그랗게 뜨고 반문했다. 지구 모든 생명체의 에너지 근원인 태양을 인간 스스로가 만든다니 상상이 되지 않았다. 기태는 쓰고 있던 모자를 잠시 벗었다가 다시 쓰며 말했다.

"너희 이미 인구가 76억 명이 넘는다는 사실을 알고 있니? 이 엄청난 인구 증가가 가져올 가장 무섭고도 현실적인 결과가 바로

'에너지 고갈'이란다. 인류의 능력으로 파낼 수 있는 천연자원은 한계가 있어. 파낼 수 있는 만큼의 깊이에서 천연자원을 전부 채취하고 나면 어느 시점부터는 파내는 데 쓰이는 돈이 자원의 가치를 넘어서게 될 거야.

그래서 우린 고갈되지 않는, 아니면 고갈이 매우 더딘 대체 에너지가 필요해. 그에 대한 힌트는 바로 태양 에너지에 있어. 지구에 도달한 태양 에너지의 양은 우리가 현재 사용하고 있는 총 에너지양의 10,000배야. 증가 속도 또한 눈으로 따라잡을 수 없는 정도로 어마어마하게 빨라. 그렇담 우리는 무한에 가깝다 할 수 있는 태양 에너지로 눈길을 돌려야겠지? 보다 과학적인 용어를 사용하자면, '핵융합 에너지'를 적용한 인공 태양을 만드는 거야."

"와… 옛말에 '하늘에 태양이 둘일 수는 없다.'는 말이 있잖아요. 역사적 관점에서는 권력자가 둘일 수는 없다는 점에서 맞는 말이지만 과학적 관점에서는 틀린 말일 수도 있겠어요."

"하하, 기발한 발상이구나. 훈민아, 이미 전 세계의 과학자들은 인공 태양을 개발하기 위해 연구하고 있단다. 그중에서 가장 관심을 받고 있는 건 국제핵융합실험로ITER라는 장치야. 순수하게 평화에 목적을 두고 연구가 진행되고 있거든. 게다가 우리나라 과학자들도 당당히 연구자로 참여하고 있어."

기태는 잠시 숨을 돌리며 말을 멈추었다. 흡사 머릿속에 그동안 차곡차곡 저장해 두었던 지식을 몽땅 쏟아낼 태세였다.

괴짜 과학자의 지구 멸망 시나리오

"원래 1988년 국제원자력기구가 처음 이 프로젝트를 시작할 땐 미국, 유럽연합, 러시아, 일본만이 참여했지. 그러나 이 4개국만으로는 한계가 있다는 걸 깨닫고 인구수 1, 2위를 다투는 중국과 인도를 연이어 합류시켰어. 그런 두 나라보다 인구가 훨씬 적은 우리나라가 참여할 수 있었던 건 우리나라의 인공 태양인 'KSTAR' 덕분이었지."

"잠깐만요."

기태의 이야기를 차분히 듣던 정음이가 급히 끼어들었다.

우리나라에 인공 태양이 있다고요?

"그럼. KSTAR는 2007년 우리나라가 독자 개발에 성공한 한국형 핵융합 연구로야. 대전 국가핵융합연구소에 있어. 지름은 10m, 높이는 6m의 도넛 형태를 하고 있고, 콘크리트 벽 두께는 무려 1.5m야."

"와… 우리나라도 인공 태양 연구에 뛰어들어 있었군요. 신기해요, 삼촌."

"사실 국제핵융합실험로 사업이 시작되기 전부터 이미 세계 여러 나라들은 저마다의 인공 태양을 만들고 있었어. 그도 그럴 게 제2차 세계대전 후 우주 진출이나 핵융합 장치 개발 같은 기술이 각 나라의 경쟁력을 뒷받침하는 중요한 지표였거든. 특히나 핵융합 기술은 보유하기만 하면 상상도 못 할 만큼의 어마어마한 권력을 얻을 수 있었어. 연료전지나 태양전지, 풍력 발전보다 핵융합은 큰 한 방이 있는 기술력이니까. 인공 태양 기술을 안정적으로 성공시킨다면 단 한 번에 세계의 권력 구조를 재편할 수 있단다."

기술이 있어야 힘을 얻는 세상의 이치에 남매는 조금 허무한 마음이 들기도 했다. 정음이는 그런 마음을 애써 지우려 기태에게 다른 질문을 던졌다.

괴짜 과학자의 지구 멸망 시나리오

"그럼 인공 태양은 어떻게 만들죠?"

"그걸 알려면 먼저 수소 이야기를 해야겠네. 원자번호 1번인 수소$_H$는 원자핵의 주변에 1개의 전자가 일정한 궤도를 따라 돌아다니고 있는 가장 간단한 구조를 가지고 있어. 하지만 자연계에서는 단독으로 존재하는 것보단 쌍으로 존재하는 것이 더 안정적이란다. 그래서 수소도 원자 2개가 서로 반응해 전자 2개를 가지는 상태가 가장 안정적이지.

단, 이건 일반적인 수소 기체일 때야. 태양이라는 고온 · 고압 환경에서는 상황이 전혀 달라지거든. 태양에서 가벼운 수소는 원자핵들끼리 충돌하여 보다 무거운 헬륨의 원자핵이 돼. 이로써 원자번호 2번인 '헬륨$_{He}$'이 탄생하게 되는 거지. 또한 태양에는 일반적인 수소와는 외관이 약간 다른 중수소, 삼중수소가 존재하는데 이 돌연변이들은 더욱 쉽고 빠르게 헬륨으로 변형이 일어나.

이렇게 수소 원자들이 헬륨 원자로 변할 때 질량이 감소해. 이 질량의 차이가 에너지로 변환되어 외부로 방출되는데 이것이 태양 에너지의 근원이야.

수소의 핵융합을 에너지로서 구현하려면 태양보다도 훨씬 높은 온도가 준비되어야 해. 하늘에 있는 태양은 중심에 엄청난 고압이 형성되어 있어 핵융합이 쉽게 일어날 수 있지만 지구 대기압 안에서 핵융합을 이끌어 내기는 어렵거든. 태양의 중심 온도인 약 1,500만℃보다 10배 정도 더 높아야 하지. 이게 끝이 아니야. 극고온 상

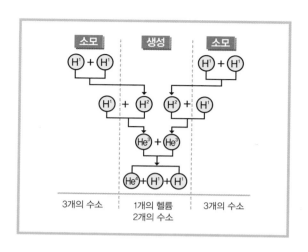

| 소모 | 생성 | 소모 |
| --- | --- | --- |
| 3개의 수소 | 1개의 헬륨<br>2개의 수소 | 3개의 수소 |

태를 오랫동안 유지해야 하는 문제가 또 남아 있거든.

그런 융합 원자로를 만드는 것이 바로 인공 태양인 거야."

"으으… 저 지금 무서운 상상이 들었는데요. 고온과 고압이라는 악조건이라면 혹시 인공 태양이 폭발했을 때 엄청난 재앙이 찾아오지 않을까요? 방사능이 유출된다거나 수소 폭발이 일어날 수도 있잖아요."

훈민이는 어쩌면 인간이 아주 무서운 기술로 자연의 섭리를 거스르는 것은 아닐까 불안한 예감이 스멀스멀 올라왔다. 자연의 태양을 본떠 인류가 만들어 낸 태양이 빛나는 세상은 어쩐지 신의 권능에 도전했다 멸하고 만 바벨탑의 이야기를 떠올리게 했다.

몸을 움츠리는 훈민이를 안심시키기 위해 삼식이 대답했다.

"적어도 네가 걱정하고 있는 두 가지에 대해서는 우려하지 않아도 돼. 핵분열과 핵융합은 전혀 다른 기술이거든. 핵분열과 핵융합은 에너지 방출이라는 똑같은 결과를 가져오긴 하지만, 방사능 물질의 방출이라는 점에서는 큰 차이가 있지. 앞의 이야기들을 잘 떠올려 봐. 핵분열, 즉 원자력발전소에서는 변형된 돌연변이가 우라늄과 같은 방사능 물질이 튀어나왔잖아. 그런데 핵융합발전소에는 눈을 씻고 찾아봐도 그런 게 튀어나올 구석이 없어."

"간단히 생각해 봐도, 저 하늘에 떠 있는 태양이 방사능 물질을 방출하고 있다면 지금 인류는 존재하지 않았을 테죠."

정음이도 한마디 거들었다.

맞아. '자연이 가지고 있는 능력을 모방하라! 그러면 불안에서 자유로울 것이다!' 이런 말씀이지.

"그렇다면 다행이지만… 그럼 수소 폭발은요? 그건 충분히 가능한 시나리오 아니에요? 잘 찾아보세요. 삼촌 모임에도 분명 핵융합 원자로의 수소 폭발 가능성에 관심을 가지고 있는 회원이 있을 거예요!"

"수소 폭발이라… 물론 틀린 말은 아니야."

삼식의 묘한 말에 훈민이가 또 금세 울상이 되었다. 매스컴이나 만화책에서 자주 접한 '폭발'은 항상 좋지 않은 결과를 가져오는 주제였다. 심지어 오늘 내내 수소 폭탄 이야기를 했으니 걱정이 안 될 리 없었다.

"하지만 그런 걱정을 두고 우리는 이렇게 한 단어로 표현하곤 한단다. 기우!"

"기우? 걱정할 필요가 없다고요?"

"그렇지. 핵융합 발전을 돌릴 때 수소를 때려 넣는 게 아니거든. 한 번에 필요한 수소의 양은 1t도 아니오, 100kg도 아니오, 대략 2g 정도야. 만약 폭발이 일어날 피치 못할 자연재해가 온다고 해도 2g 의 수소만 홀랑 타버리면 상황 종료지. 충분히 컨트롤이 가능해."

삼식이 모두 정리를 해주자 그제야 훈민이의 굽은 등과 접힌 이맛살이 펴졌다. 머릿속을 홀로 정리하던 정음이도 어느새 흐트러진 자세를 곧추세웠다. 그러면서 문득 '이러다 삼촌 따라서 나도 멸망 음모론 연구에 빠지는 거 아니야?' 하는 생각이 들어 퍼뜩 고개를 저었다.

짧은 시간이지만 매우 많은 이야기를 나눈 네 사람은 시계를 확인하고 이쯤에서 일어나기로 했다. 기태는 삼식에게 앞으로 새로운 소식이 발견되면 커뮤니티 '핵 멸망' 게시판에 정리해 올리겠다며 인사를 했다.

주차장에 도착해 모두 차에 오르자 삼식은 시동을 걸며 말했다.

사실 북핵은 내가 연구 중인 멸망 시나리오에서 후 순위에 속해. 전쟁이란 게 쉽게 일어나지는 않거든.

 왜 그렇게 생각하시는데요?

 간단해. 전쟁은 인간 스스로가 자멸하는 길이기 때문이야. 이런저런 이해가 얽힌 현대에선 쉽게 일어나지 않을 거라고. 권력자들이 자신들이 가진 힘, 재산을 포기하면서까지 전쟁을 치르진 않을 거란 말이지.

　삼식의 말에 정음이와 훈민이가 수긍하듯 동시에 고개를 끄덕였다. 삼식은 부드럽게 차를 몰아 대로에 합류했다. 훈민이는 한숨을 크게 내쉬었다. 그러고는 창밖을 멍하니 보다가 중얼거렸다.

참… 인간이란, 알려고 해도 알 수가 없네요….

시나리오 3

# 포효, 백발 괴물

# 공씨 삼인조,
# 백두산에 가다

매서운 바람이 코를 베어 갈 듯 불어오자 훈민이는 마스크를 좀 더 끌어올려 코를 덮었다. 그러곤 생각했다.

'왜 이 엄동설한에 나는 이곳에 있는가…!'

한겨울에 백두산 천지를 보기 위해선 중간에 스노모빌을 타야 했는데, 스노모빌을 타러 가는 길까지는 셔틀버스를 또 타야 했다. 셔틀버스 정류장으로 가는 길은 자작나무 숲 한가운데로 나 있었다. 한겨울의 자작나무 숲은 하얀 눈이 소복이 쌓여 눈이 부셨다. 그 분위기가 마음에 들었는지 정음이가 휴대폰으로 사진을 찍어 대자 훈민이가 코를 찡그렸다.

"정음아, 넌 이 여행길이 그렇게 신나냐?"

"어? 뭐, 엄청 신난 것까진 아닌데 그래도 간만에 해외여행이라 그런지 좋은데? 근데 오빠, 표정이 왜 그래? 뭐야, 설마 백두산 올

괴짜 과학자의 지구 멸망 시나리오

라가는 게 귀찮아서 그래?"

정음이의 말에 훈민이가 고개를 세차게 끄덕였다. 운동과는 담쌓은 훈민이에게 겨울 등산은 말 그대로 시간 낭비, 에너지 낭비 그 자체인 행위였다. 평소의 훈민이라면 절대 꿈도 안 꿀 일이다. 그런데 하필 올 겨울방학에 삼식이 백두산을 등반한다는 것이었다. 이 소식을 들은 엄마가 좋은 여행이 되겠다며 남매도 함께 가라고 지시했고 삼식이 OK, 정음이마저 가겠다고 선언했다. 그 바람에 훈민이는 자기 의사도 표현하지 못하고 백두산 등반길에 오르게 된 것이었다. 자연스럽게 훈민이의 발걸음은 천근만근이었다.

"근데 삼촌이 웬일이에요. 나보다 더한 집돌이가 백두산 등반을 다 하고."

"다 이유가 있지. 일단 추우니까 셔틀 타면 알려 줄게. 저기 버스다. 얼른 타자."

삼식이 가리킨 곳에는 버스가 시동을 켠 채 서 있었다. 세 사람은 찬바람을 피해 얼른 버스에 올랐다. 따뜻한 공기가 추위에 얼어 있던 세 사람의 몸을 따뜻하게 감싸 왔다.

삼식은 남매를 먼저 좌석 두 개가 나란히 붙은 곳에 앉게 한 뒤, 자신도 그 근처에 있는 좌석에 엉덩이를 붙였다. 그리고 휴대폰을 꺼내며 말했다.

"이번 백두산 등반은 내가 운영하는 커뮤니티에 올라온 어떤 글과 관련이 있어. 자, 이 글을 한번 봐."

삼식은 휴대폰을 남매에게 전달했다. 휴대폰에는 '한반도의 괴물이 포효하려 한다'는 제목의 글이 떠 있었다. 글의 내용은 아주 간단했다. 백두산이 곧 분화하여 우리나라가 흔적도 없이 사라질 수도 있다는 것을 작성자 '백발마왕'이 강력한 어조로 주장하고 있었다.

정음이는 휴대폰을 다시 삼식에게 돌려주었다. 사실 정음이도 집돌이 삼촌이 웬일로 백두산을 가겠다고 했나 싶었는데 역시나 여기에 해답이 있었다. 삼식을 움직이게 할 방법은 결국 멸망론뿐이라는 진리를 머릿속에 새기며 정음이가 말했다.

"그럼 백두산이 분화할 것인지 아닌지 직접 확인하려고 백두산에 오신 거예요?"

"그렇지."

"근데 삼촌, 그 가운은 언제 챙겨 입었어요?"

"호텔에서 나올 때부터 점퍼 안에 입고 있었지."

"아니, 삼촌. 나 전부터 궁금했는데 대체 그 가운은 왜 입는 거예요?"

"정음아, 연구자에게 연구실의 흰 가운은 생명이란다. 항상 깨끗하게 준비해 가지고 다녀야 하는 필수품이라고."

두 주먹까지 불끈 쥐며 자신의 흰 가운 필수론을 설파하는 삼식에 정음이는 졌다는 듯 고개를 가로저었다.

'그놈의 흰 가운 빨아 다릴 시간에 방이나 잘 치웠으면….'

하나둘 승객이 타고 정해진 시간에 셔틀버스가 출발했다. 세 사람은 잠시 말을 멈추고 창밖으로 시선을 돌렸다. 새하얀 눈이 덮인 풍경이 창밖으로 천천히 스쳐 지나갔다. 훈민이는 그 풍경을 멍하니 한참 동안 바라보다가, 방금 전 삼식이 보여 준 글처럼 백두산이 분화한다면 저 하얀 눈들이 순식간에 녹아 없어지지 않을까 하는 생각이 들었다.

삼촌, 백두산이 정말 분출할까요?

음, 글쎄. 솔직히 난 백두산 분화로 인한 멸망 시나리오는 큰 가능성이 없다고 믿는 편이야. 근데 아까 너희가 본 글을 올린 '백발마왕' 연구원은 가능성이 높다고 생각하나 봐. 그래서 같이 이야기해 보려고. 사실 오늘 백두산 천지에 올라가서 만나기로 약속해 놨어. 왜? 백두산이 당장에라도 터질까 봐 불안해?

네. 요즘 발리나 일본, 필리핀 등지에서 화산이 분출했다는 뉴스가 종종 있었잖아요. 피해도 많았고 대피하느라 소란하기도 했고요. 백두산이 분출한다면 분명 우리도 그런 일을 겪어야 하잖아요. 어우, 상상만 해도 무서워요. 불꽃 기둥이 백두산 꼭대기에서 솟구치는 장면은…. 만약 백두산이 분출한다면 '흰 머리의 산'이라는 이름이 아니라 '붉은 적' 자를 써서 적두산 赤頭山으로 이름을 바꿔야 될지도 모르겠어요.

삼식은 훈민이의 깊어지는 고민에 문득, 조카가 자신의 멸망 연구로 불안에 빠질까 걱정이 되었다. 삼식의 연구 목표는 멸망의 시계가 움직이는 것을 인지하고 그에 대비하는 것이지 언제 멸망의 태풍이 불어 닥칠까 두려워하며 사는 것은 아니었기 때문이다. 삼식은 훈민이의 불안감을 잠시라도 해소해 줄 화젯거리를 생각해 냈다.

"적두산이라. 네이밍 센스 좀 있네, 공훈민? 너 그럼 백두산의 다른 이름들도 아냐?"

"백두산의 다른 이름이요? 음… 하나는 알아요. 「단군신화」에 보면 환웅이 하늘에서 무리 삼천을 거느리고 태백산 정상으로 내려왔다는 이야기가 있어요. 여기서 태백산이 백두산이라고 주장하는 역사학자들이 다수죠. 태백산이 정확히 백두산을 지칭한다는 결정적인 증거는 없지만, 중국 당나라의 기록인 『신당서』에서 백두산을 태백산이라 칭하고 있기도 하고요. 이름에서부터 태백太白 즉, '가장 흰 산'이잖아요?"

"오, 그럴싸한데? 삼촌도 하나 알려 줄게. 고려시대를 연구하는 데 가장 중요한 자료인 『고려사절요』에 성종 10년, '압록강 밖의 여진족을 쫓아내고 이를 백두산 밖에 살게 했다.'라는 기록이 있어. 이 한 문장으로 유추해 볼 수 있는 건 두 가지지. 실제로 고려 성종이 당시 백두산을 '백두산'이라고 부르고 있었거나 이 책이 만들어진 조선 문종 때는 '백두산'이라 부르고 있었거나. 역사학계에서는 다른 여러 기록들을 토대로 전자의 경우라고 생각하고 있대.”

삼식이 역사와 관련된 이야기를 쏟아내자 훈민이는 매우 흥미롭다는듯이 점퍼 주머니에서 수첩을 꺼내 삼식의 이야기를 고분고분 받아 적었다. 그 모습이 꼭 낡은 수첩을 꺼내는 삼식의 모습 같아서 정음이는 속으로 피식 웃었다.

잠시 후 공씨 삼인조는 약속이나 한듯이 말을 멈추고 창밖으로 시선을 돌렸다.

정음이는 문득, 백두산 만년설의 정체가 궁금해졌다. 만년설이라면 해발 7,000m 이상의 고산지대에서 나타난다고 알려져 있고 그 춥다는 알래스카산맥조차 만년설은 산맥 윗부분에만 있는데 꽃이 필 정도로 따뜻한 백두산에 어떻게 만년설이 존재하는 것일까.

“삼촌, 백두산이라는 이름은 흰 머리, 그러니까 산 정상 부근의 만년설에서 기인한 것이라는 의견도 있잖아요. 그런데 서파 코스의 고산화원만 봐도 꽃이 피는 시기엔 알록달록한 야생화들이 한 폭의 수채화를 만들 정도로 따뜻하단 말이에요. 게다가 7월쯤 해빙기에는 꽁꽁 얼어붙었던 천지도 슬슬 녹잖아요. 이건 1년 내내 녹지 않는다는 만년설의 정의에 맞지 않아요. 그렇다면 1,000년이 넘는 긴 세월 동안 백두산을 본 사람마다 ‘항상 하얗다.’는 평가를 하는 이유는 뭘까요?”

“일단 지구의 공기층과 온도에 대해 말해야 할 것 같구나. 지구의 둘레에는 두께가 대략 1,000km 정도 되는 대기권이라는 공기층이 있어. 대기권에서는 지구와 멀어지면 멀어질수록 공기의 밀도가 점점 줄어들지. 그런데 과학자들이 이를 좀 더 자세히 살펴보니 대기권은 절대 단순한 형태가 아니었어. 지구로부터 멀어질수록 온도 변화가 판이했던 거야. 대충 나눠 보자면 이렇단다."

삼식은 언제나 소지하는 수첩을 꺼내 간략한 그래프를 그렸다.

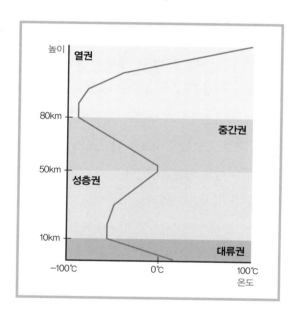

"대류권에서는 지표면에서 멀어질수록 온도가 점점 감소해. 100m 올라갈 때마다 기온이 0.5~0.6℃ 정도씩 떨어지지.

자! 그럼 여기서 퀴즈. 백두산의 높이는 약 2,750m. 우리가 생활하는 일반적인 온도를 20℃라고 할 때, 백두산 꼭대기의 온도는 몇 도가 될까?"

삼식이 퀴즈를 내자마자 훈민이는 수첩에 숫자를 적기 시작했다. 하지만 안타깝게도 얼마 못 가 정음이가 암산으로 먼저 답을 도출했다.

"백두산 정상에서는 온도가 13.75℃ 감소했을 테니 최종 온도는 대략 6℃겠네요. 물이 어는점인 0℃보다 높아요."

한참 계산을 하던 훈민이가 정음이의 대답에 기운이 쫙 빠져 째려보았지만 삼식과 정음이는 아랑곳하지 않고 이야기를 이어 갔다.

"맞아. 물론 온도가 정확히 0.5~0.6℃씩 떨어진다고는 할 수 없어. 대류권 내에서도 높이에 따라 떨어지는 폭이 다를 테니까. 또 해수면에 가까울수록 온도는 더욱 빨리 떨어지기도 해. 처음 기준 온도를 20℃보다 더 낮춰 잡아야 할 수도 있고 말이야.

어쨌든 이런저런 걸 따져도, 역시 백두산의 흰 머리를 만년설로 규정하는 덴 무리가 있지. 그래, 사실 백두산 정상의 하얀 그것은 눈이 아니야. 바로 화산재지. 현재 백두산의 꼭대기에는 40~60m의 두께에 달하는 회백색의 화산재가 덮여 있어."

짧은 추리와 토론 끝에 삼식은 정답을 알려 주었다. 그제야 정음이는 백두산 만년설에 대한 의문이 해소되었는지 알았다는 듯 고개를 몇 번 끄덕였다.

반면 훈민이는 방금 전까지 잠시 잊고 있었던 백두산 분출에 대한 불안감이 다시 불쑥 고개를 드는 기분이었다. 백두산이 얼마나

가열하게 분화했으면 화산재가 만년설처럼 하얗게 쌓인 것일까. 훈민이는 과거 그날의 백두산 분출 장면을 창밖 하얀 눈밭을 도화지 삼아 그려 보았다.

괴짝 과학자의 지구 멸망 시나리오

# 100년을 참은
# 휴화산

셔틀버스는 스노모빌로 갈아타는 곳에 도착했다. 셔틀버스에서 내리자마자 차디찬 바람이 전신을 강타해서 훈민이가 "끄악!" 하고 소리를 질렀다.

스노모빌을 타는 곳에는 전 세계의 다양한 사람들이 모여 있었다. 이 추위를 뚫고서라도 보겠다는, 아니 추위 속이라 더욱 아름다울 백두산 천지를 보겠다는 의지들이 대단했다.

스노모빌을 운전하는 사람 뒤에 정음이와 훈민이가 함께 올라타고 삼식도 다른 스노모빌 뒤에 앉았다. 찬 공기를 가르는 요란한 엔진 소리가 여기저기서 들렸다. 스노모빌은 백두산 천지로 오르는 계단 바로 아래로 세 사람을 데려갔다.

스노모빌에서 내리자 훈민이는 족히 1,000개가 넘어 보이는 계단에 압도되었다.

"사, 삼촌… 저 계단을 다 걸어 올라가요?"

"노란 스노모빌을 타면 정상까지 갈 수 있겠지만…. 야, 공훈민. 저 계단 고작 1,442개밖에 안 돼. 30분이면 충분히 다 올라가."

"아니 그래도…. 중간에 쉴 수는 있는 거죠?"

정음이는 자꾸만 칭얼대는 훈민이를 한심하다는 듯 째려보더니 대신 훈민이의 귀에 대고 속삭였다.

"계속 버스 타고 다니고 걷는 건 저 계단 딱 하나야. 잔말 말고 뜨. 르. 으. 르. (따라와라.)"

네… 동생님.

"훈민아, 너 쉰다는 개념이 얼마나 복잡한 건지는 알고 쓰냐?"

울적한 훈민이에게 대뜸 삼식이 뜬금없는 물음을 던졌다.

"그야 쉰다는 건, 하던 일을 잠시 멈춘다는 뜻이잖아요."

"그 '잠시'라는 개념은 정확히 뭔데? 이건 잘 대답 못 하겠지? 백두산은 마지막 폭발이 있고 나서 잠시 멈춘 화산이라 해서 '휴화산'으로 분류되어 있어. 근데 잠시 멈췄다더니 어느새 100년이란 세월이 꼬박 흘렀지. 지금 한반도는 전쟁도 잠시 멈춘 상태인 '휴전' 중이야. 근데 우린 전쟁은 언제고 다시 시작될 수 있다고 생각

괴짜 과학자의 지구 멸망 시나리오

하면서 화산 분출은 다시는 일어나지 않을 거라 생각하고 있단 말이지. 같은 '잠시 쉬는' 상태인데 말이야."

훈민이와 정음이는 삼식의 지적에 뜨끔했다.

"백두산이 언제까지나 달콤한 휴식 시간을 취하고 있으리란 법은 없어. 빵빵하게 부푼 풍선을 바늘로 콕콕 찌르는 것처럼 백두산을 옆에서 콕콕 찔러 대는 것들이 있거든."

"어떤 건데요?"

"하나는 지진, 다른 하나는 북한의 핵실험이야. 특히 지진의 경우 2011년에 있었던 동일본 대지진이 백두산 폭발 가능성을 높였다는 연구가 있어. 일본의 화산 전문가 다니구치 히로마쓰 교수가 동일본 지진의 영향으로 2019년까지 백두산이 폭발할 가능성이 68%, 2032년까지 99%라고 발표했대."

순간 남매가 아연실색했다. 2019년까지면 얼마 남지 않았다. 두려운 마음에 그 사실을 부정하고 싶어진 정음이가 고개를 저으며 말했다.

"그래도 백두산 같은 큰 산이 폭발하려면 그 전에 뭔가 낌새라도 있어야 하는 게 아닐까요?"

"낌새? 있었지. 그것도 아주 많이. 백두산과 인접해 있는 중국은 이미 진작부터 알아차리고 있었어. 중국은 최근 몇 년간 백두산 주변의 움직임을 기록하고 분석했어. 그 결과 백두산 일대에 일어나는 미세한 지진의 횟수가 점점 늘고 있음을 발견했지."

이야기를 하며 걷는 동안 어느새 세 사람은 계단 초입에 들어서 있었다. 하지만 삼식이 전해 준 이야기에 빠져든 바람에 남매는 자기들이 인파에 섞인 것조차 인식하지 못하고 있었다.

매서운 겨울바람을 감내하며 계단을 오르는 사람들의 얼굴에는 천지를 볼 수 있다는 설렘이 가득했다. 반면 삼식과 남매의 얼굴엔 설렘과 걱정이 뒤섞여 있었다. 계단을 하나둘 밟아 오르며 훈민이는 짜증이 났지만 매서운 추위에 차마 입 밖으로 투덜대는 목소리를 낼 순 없었다.

그때 세 사람의 뒤쪽, 인파 사이에서 외침이 들려왔다.

어이, 꽁 박사!

그 소리에 걸음을 아주 조금 늦추고 세 사람이 동시에 고개를 돌려 보았다. 그곳엔 30대 중반인 삼식보다 조금은 나이가 더 있어 보이는 여인이 빠른 속도로 다가오고 있었다. 입고 있는 파란 점퍼와 모자가 눈에 띄어서 다가오는 모습을 놓치지 않을 수 있었다.

"백발마왕!"

삼식이 반가운 인사에 계단을 함께 오르던 많은 사람들의 시선

괴짜 과학자의 지구 멸망 시나리오

이 삼식과 남매, 그리고 여인에게 쏠렸다. 남매는 창피해져 얼른 고개를 숙였는데 정작 삼식과 여인은 아랑곳하지 않고 인사하기 바빴다.

"오늘도 백두산엔 관광객이 많네. 안녕? 너희가 꽁박의 사랑스러운 조카, 훈민정음?"

"얘들아, 인사해. 이분은 백발마왕 백시연."

여인의 심상치 않은 기세에 남매가 화들짝 놀라 인사했다.

이 사람이 그 유명한 백발마왕!

"으후, 추워라. 우리 일단 백두산 천지부터 만날까?"

시연은 세 사람을 다시 돌려 세우고 먼저 계단을 딛고 나아갔다. 시연을 따라 정음이가 먼저 속도를 맞추자 훈민이와 삼식도 속도를 올렸다. 드디어 천지 앞으로, 마지막 계단 하나를 올라섰다.

아직은 앞선 관광객들이 가리고 있어 그 사이로 드문드문 보이는 설산의 광경만 보였다. 그러다 관광객들이 좌우로 흩어지며 사라지자, 그제야 천지가 만들어 낸 장활한 광경이 한눈에 들어왔다.

"와아…."

"정말 멋있다."

남매는 다물어지지 않는 입을 가까스로 움직여 감탄을 쏟아 냈다. 뾰족하게 솟은 봉우리들이 감싸 안은 천지에는 흰 눈이 쌓여 있었다. 백두산 정상의 낮은 온도에 꽁꽁 언 모양새였지만, 흰 눈과 어두운 봉우리의 극명한 흑백 대조는 마치 하늘색 도화지에 수묵

화를 그린 듯 아름다웠다.

"날이 추워서 천지에 오래 머무를 순 없대. 얼른 기념사진부터 찍자."

네 사람은 급히 천지를 배경으로 사진을 찍은 뒤 행렬을 따라 천천히 이동했다. 근처에는 37호 경계비가 있었는데 시연은 그것이 해발고도 2,470m를 알리는 표지판이자 중국과 북한의 국경을 구분하는 경계임을 설명해 주었다.

짧지만 강렬한 천지와의 만남을 뒤로하고 네 사람은 다시 스노모빌을 타고 등산로 입구까지 내려갔다. 아쉬움 때문인지, 비탈길의 중력 때문인지 내려가는 길은 올라올 때보다 더 빠른 듯했다.

# 희대의 폭발

셔틀버스에 오른 네 사람은 일단 추위에 언 몸을 살짝 녹였다. 어느 정도 따스함이 몸에 스며들자 시연은 남매에게 물었다.

"천지를 본 소감이 어때?"

"진짜 아름다웠어요. 눈과 하늘이 만들어 낸 장관에 압도되는 기분이었어요!"

"오~ 정음이는?"

"저는 천지의 규모가 제 생각보다 훨씬 커서 놀랐어요. 저렇게 큰 칼데라호가 만들어지려면 대체 얼마나 폭발이 셌을까, 그걸 상상해 보니 좀 무섭기도 했고요."

각기 다른 감상을 말한 남매에 시연은 흐뭇한 미소를 건넸다.

근데… 이모, 백두산이 정말 폭발할 수도 있다는 거죠?

 그럴지도. 백두산 폭발에 대해 내가 재미있는 이야기를 많이 아는데 어때, 듣고 싶니?

'재미있는 이야기'라는 말에 훈민이와 정음이의 눈이 동시에 빛났다.

"과학자들에 의하면 백두산은 원래 약 100년에 한 번 꼴로 폭발해 왔다고 해. 역사학자들은 우리의 주권이 일제에 짓밟히기 시작한 무렵인 1903년, 백두산의 공식적인 마지막 폭발이 있었다고 보고 있어. 일각에서는 22년 뒤인 1925년에 소규모의 폭발이 한 차례 더 있었다는 주장도 있고. 어쨌든 100년 주기설에 따르면 현재는 이미 폭발 주기인 100년이 지난 상태야. 그러니 지금쯤이면 언제 터져도 전혀 이상하지 않은, 심지어 내일 분화를 시작한다고 할지라도 놀랄 사람이 아무도 없는 때야."

"이모가 단호하게 말씀하시니 어쩐지 당장 내일이라도 백두산이 분화할 것 같아요."

"헉, 우리 당장 집에 가서 생필품이나 잔뜩 사놓아야 하는 거 아닐까?"

훈민이가 퍼뜩 놀라 말하자 시연이 미소를 지으며 어깨를 두드려 주었다.

"훈민아, 우리가 덜덜 떨며 무서워한다고 달라질 건 없어. 물론 그렇다고 다가올 재앙을 가만히 앉아 기다리고 있을 수만은 없지만. 그래서 나와 꽁 박사가 멸망 연구를 하는 거야. 현대 과학이라는 무기로 과거 기록을 파헤치고 분석해 백두산이 분화할 가능성이 가장 높은 대략적 시기를 예측하기 위해서.

그럼 우선 과거 백두산의 폭발 흔적을 알아볼까? 지금으로부터 800여 년 전, 고려 20대 왕인 신종이 다스리고 있던 때 일이야. 곡령의 조용한 하늘에 갑자기 천둥이 치고 이상한 붉은 기운이 나타났다는 기록이 남아 있어. 곡령은 고려의 도읍 개성에 있는 송악산의 또 다른 이름이야.

그럼 이 이상한 일의 범인을 찾아보자. 송악산과 한반도에 있는 네 개의 화산 사이의 거리를 살펴보는 거야. 백두산과 송악산과의 직선거리는 450여 km, 추가령과 송악산은 80여 km, 울릉도와 송악산은 380여 km, 한라산과 송악산은 500여 km가 되지. 이중에서 송악산과 가장 가까운 추가령은 1만 년도 더 전에 일어난 폭발로 나타난 결과물이라고 해. 따라서 용의자 후보에서 탈락. 그다음 가까운 곳은 380km 떨어진 울릉도. 하지만 울릉도 역시 5,000년 전의 폭발이 가장 최근에 일어났던 폭발이기에 용의선상에서 제외야. 한라산의 폭발도 『동국여지승람』에 의하면 1002년과 1007년이니까 마찬가지로 범인이 아니야. 그럼 남는 건 역시 백두산뿐이지. 즉, 당시 곡령의 하늘을 뒤흔든 건 백두산의 분출 흔적이었던 거야."

"그럼 마그마의 기운은 못해도 450km쯤은 이동이 가능하단 말이네요."

정음이가 이야기를 정리하듯 말하자 시연은 이어 다음 기록을 설명했다.

"200년의 세월이 흘러 조선의 3대 임금인 태종 시기에도 또 한 번의 백두산 분화가 있었다고 하는데, 이때의 기록은 '단주에 숯비가 내렸다.'라고 되어 있어. 단주란 지금의 함경도 단천 지방이야. 단천과 백두산은 대략 140km 거리지. 화산재를 머금은 비구름도 이 정도의 거리는 충분히 이동할 수 있는 거야."

역사에 남은 짧은 이야기들이지만 그것만으로도 백두산 폭발의 피해를 어느 정도 도출해 낼 수 있었다. 정음이는 평소 역사란 인간이 기록한 것이기에 객관적이지 않다며 역사 과목을 별로 좋아하지 않았는데, 자신의 생각이 잘못되었음을 깨달았다.

"그럼 이제 화산과 천지에 대해 좀 더 과학적으로 이야기해 볼까? 화산이 폭발하기 직전 땅속 마그마의 온도는 1,500℃가 넘을 만큼 강력하지만 지표면 밖으로 터져 나오기 시작하면 급속하게 냉각되어 800~1,200℃가 된다고 해. 이에 반해 일반적인 산불은 최고 온도가 대략 1,500℃ 정도이지."

"그럼 마그마가 산불보다 덜 뜨거워요?"

"훈민아, 단순한 온도만을 비교하면 그렇게 생각될 거야. 하지만 마그마가 무서운 건 온도가 아니라 그 재료와 형태에 있어. 너희

학교에서 과학 시간에 불이 붙는 현상, 연소에 대해 배웠지?"

네, 연소를 위해서는 연료와 산소 그리고 불씨, 세 가지 조건이 모두 만족되어야 해요.

"그렇지. 불씨는 불을 지피기 위한 전제 조건이야. 산소 역시 밀폐된 공간이 아닌 이상 무한정 공급된다고 볼 수 있기 때문에 넘어가자. 문제는 연료, 즉 가연물이야. 불이 계속 타려면 탈 수 있는 물질이 계속 공급되어야 한다는 말이지. 불은 나무를 땔감으로 쓴다 해도, 나무가 다 타 재가 되면 더 이상 타지 않기 때문에 일정 시간이 지나면 자연히 사그라들어.

그런데 마그마는 이런 일반적인 연소의 세 가지 요소를 따르지 않아. 마그마는 암석이 녹아 뜨거운 액체의 형태를 이루고 있는 것이기 때문이야. 엄밀히 말하자면 불이 아닌 거지. 마그마는 주변의 공기와 만나 어느 정도 온도가 떨어지기 전까지는 주변을 계속 태워. 게다가 화산 폭발은 며칠, 몇 개월에 걸쳐 끝없이 밀려나오기 때문에 온도가 내려갈 만하면 다시 뜨거워지고, 또 식을 만하면 다시 격렬해지지. 이게 마그마가 갖고 있는 진정한 무서움이야.

백두산의 대폭발이 있은 뒤엔 천지가 생겼지. 과학자들은 마그마의 분출로 인한 산꼭대기의 함몰된 공간에 '냄비'를 의미하는 '칼데라'라는 이름을 붙였어. 세월이 흘러 이곳에 지하수나 자연 강수로 인해 물이 차오르게 되면 호수가 만들어지게 되는데 이때 지름이 2km를 넘으면 '칼데라호', 넘지 못하면 '화구호'라고 부르기로 했어. 백두산 천지의 지름은 3.58km로 전형적인 칼데라호지.

백두산 천지의 물은 칼데라호의 부피를 이용해 계산한 간접적인 결과를 보자면 대략 20억m³가 넘는데. 리터로 따지면 2조ℓ야. 우리나라에서 가장 많은 물을 저장할 수 있는 소양강 댐이 29억m³니까 70%에 해당하는 양인 거야. 엄청난 규모지."

훈민, 정음 남매는 위대한 자연의 힘 속에서 탄생한 장관을 다시 머릿속에 그려보았다.

얘들아, 이따 금강대협곡에서 잠깐 내려서 구경할 거야.

금강대협곡이요? 협곡이면 깊은 골짜기요?

금강대협곡은 화산 폭발 후 마그마가 흐르던 자리에 V자 형태로 생겨난 협곡이야. 길이가 70km나 되고 수직 깊이는 150m에 달해. 여기에 있는 나무들은 수령이 100년 정도 되지. 겨울엔 눈이 쌓여 더 험준해 보일 거야.

얼마 뒤, 셔틀버스는 금강대협곡 근처에 멈추어 섰다. 한참이나 이야기에 빠져 있던 네 사람은 하얀 눈옷을 입고 늠름하게 버텨 선 협곡의 모습에 금세 사로잡혔다.

　뾰족한 나뭇잎마다 하얀 눈이 가득 쌓인 숲길로 네 사람이 줄지어 들어섰다. 협곡의 매서운 칼바람이 주변을 스쳤다. 길이 잘 다져져 있었지만 눈이 얼어 있어 미끄러웠다. 하지만 네 사람 모두 나무 사이로 드러나는 깊고 험준한 협곡의 자태를 감상하기 바빴다.

　추운 날씨에 낙상 위험도 있어 긴 관광이 허락되지 않았다. 아쉬움을 뒤로 하고 버스로 돌아온 네 사람은 잠시 생각에 잠겼다.

# 폭발적인 힘의
# 결과들

드디어 셔틀은 서서히 서파 입구로 들어섰다. 네 사람은 일행과 함께 숙소로 돌아가는 관광버스로 자리를 옮겼다. 따뜻한 히터 바람에 붉은 뺨이 더 붉게 물든 정음이가 시연을 향해 몸을 다가가 붙였다.

"이모, 백두산이 폭발했을 때 우리나라에 어떤 영향이 있을지도 연구하셨어요?"

"그럼. 그게 내 백두산 폭발 연구의 핵심이지…."

시연은 답을 주려고 파란 점퍼 주머니에서 작은 수첩 하나를 꺼냈다.

"먼저 화산 폭발 지수란 걸 알려 줄게. 화산 폭발 지수는 'Volcanic Explosivity Index', 줄여서 VEI라고도 하는데, 화산 자체의 크기가 아니라 폭발의 크기를 보여 주는 지표야. 0부터 8까지의

괴짜 과학자의 지구 멸망 시나리오

등급으로 구분되고 8이 최대 규모지. VEI가 1 올라갈 때마다 분출물의 양은 대체로 10배가 돼.

VEI가 6이었던 화산 폭발은 1883년에 있었어. 인도네시아 바로 옆에 붙어 있는 섬인 크라카타우섬에서 벌어진 일이었지. 이 섬의 크기는 작지만 폭발 위력은 어마어마했어. 산이 통째로 날아갔고 섬 전체가 흔적도 없이 사라져 버렸어.

전 세계는 바로 눈앞에서 벌어진 이 끔찍한 자연재해에 두려워하고 또한 슬퍼했어. 그래서 크라카타우섬 화산 폭발을 하나라도 더 분석하고 기록하려고 조사가 이루어졌어.

그때 놀라운 제보가 하나 들어왔어. 소리에 관한 것이었지. 폭발 지점과 멀리 떨어진 곳에서 '쾅' 소리를 들었다는 거야. 심지어 태평양 너머에서도 폭발 소리가 감지됐다고 연락을 해 왔대. 무려 4750km나 떨어진 곳에까지 이 폭발음이 들렸다는 거야. 이게 어느 정도인지 감이 오니?"

4750km라고요? 서울에서 부산까지 거리의 10배가 넘는 거리잖아요. 왕복 5번 이상 거리란 말인데 그게 가능해요?

지금 정음이 너처럼 과학자들도 호기심에 가만히 앉아 있을 수 없었어. 과학자들은 소리에 집중하기 시작했어. 그 비밀은 그로부터 100여 년이 지난 1991년에야 밝혀졌단다.

일본 아이치 교육대학의 타히라 교수가 연구한 바에 따르면
화산이 대규모로 폭발할 때 그 소리는 성층권을 타고
이동해서 지표면의 다른 소음에 묻히지 않고 큰 장애물 없이
먼 곳까지 이동할 수 있다는 거야. 수천 킬로미터는 물론이고
더 멀리도 갈 수 있는 거지.

6등급 화산 폭발이 일어나면 섬 하나가 통째로 사라지고 그 파장이 그렇게 멀리까지 도달할 수 있다니, 훈민이와 정음이는 아연한 얼굴로 이어지는 시연의 이야기에 귀를 기울였다.

이때 생긴 지진으로 대규모의 해일도 바로 따라왔어.
이 정도 위력을 갖고 있는 폭발이었기에 사상자의 수도
수만 명에 달했고.

정말 끔찍하네요. 최악의 재난이었군요.
세계 곳곳에서 기록들이 쏟아져 나올 만하네요.

맞아. 우리가 잘 알고 있는 어떤 예술작품이 탄생한 배경에
이 폭발이 있다는 설도 있단다. 물론 작가 본인의 입에서 나온
말이 아니기에 확실히 믿기는 어렵지만 말이야.

네? 유명한 예술작품이요? 그게 뭔데요?

이들의 대화에 끼어들 기회를 시시탐탐 엿보고 있던 삼식이 급하게 먼저 입을 열었다.

"뭉크가 그린 「절규」라는 작품이 바로 그거야. 그림 속 인물이 다리 위에서 소리를 지르는 그림 말이야. 그 그림의 배경이 어땠는지 생각나니? 하늘이 유난히 붉은빛이거든. 일각에서는 자개구름이다, 단지 작가의 심리가 표현된 것일 뿐이다 해석이 분분하지만 화산 폭발을 담은 게 아닐까 싶어. 인물의 표정을 떠올려 봐. 그게 어디 그냥 놀란 표정이냐? 귀신 정도는 봤을 때 나오는 거지."

"뭐 가능성이 없진 않으니까 삼촌의 개인적인 견해 정도로 이해할게요."

정음이의 사이다처럼 톡 쏘는 한 방에 깔깔대며 웃던 시연이 다시금 대화를 이끌어 나갔다.

"이번엔 화산재를 한번 볼까? 1991년, 필리핀의 피나투보 화산 폭발은 6등급이었어. 이 화산이 폭발한 후 빠른 속도로 후속 연구가 진행되었어. 보통 화산 폭발 지수 4등급 이상의 폭발이 일어나면 일단 화산 분출물들은 무조건 성층권까지 올라가. 그리고 서서히 공기의 층을 따라 이동해. 성층권은 지표면과 가까운 대류권과는 달리 비가 내리거나 바람이 불지 않아. 공기의 흐름 자체가 거의 일어나지 않기 때문에 매우 안정적이지. 실제로 피나투보 화산의 화산재는 성층권을 통해 끝 모르게 옮겨 다녔어. 심지어 지구를 한 바퀴나 돌았다고 해.

또한 이때 분출된 엄청난 양의 화산재가 하늘을 뒤덮어 지구의 평균 온도를 0.5~0.8℃ 감소시키기까지 했다는 연구가 보고되기도 했어. 이 현상은 일명 '피나투보 효과'라고 부르지.

아프리카의 나브로 화산은 2011년 4등급으로 폭발했는데 독가스인 이산화황이 방출돼 많은 인명 피해가 있었어. 그때 나온 화산재도 성층권을 통해 이동해 우리나라까지 날아왔는데 6개월 동안이나 대한민국 상공에 머물러 있었대."

"와, 필리핀에서 우리나라까지…! 그럼 만약 대류권을 통해 이동했다면 화산재가 우리나라까지는 못 왔겠네요?"

"맞아, 훈민아. 바람 때문에 진작 흩어져 버렸을 거야. 이제는 조금 더 옛날로 가볼까? 지금으로부터 1,000여 년 전, 지진이나 화산 폭발과 같은 재난이 지금처럼 체계적으로 기록되지 못했던 그때 아주 커다란 백두산 폭발이 있었어. 화산가스가 25km까지 치솟고 800℃에 이르는 불길이 시속 150km로 퍼져 갔으며, 눈 깜짝할 새에 불바다가 되었어. 산에 쌓여 있던 눈과 얼음이 녹아 산 위에서 내려온 물로 대홍수까지 났고 말이야. 조각이 되어 남아 있는 당시의 기록들을 현대 과학으로 파헤쳐 그때 폭발의 VEI를 유추했는데, 결과가 7등급으로 추정된대."

놀라운 숫자였다. 남매는 서로를 바라보며 입을 떡 벌렸다.

• • • • • • • • • • • • 7등급! • • • • • • • • • • • •

 이모, 우리가 화산 폭발을 감지할 수 있는 방법은
정녕 없나요?

 맞아요. 뭐, 새들이 단체로 이동한다든가
온천이 곳곳에서 터진다든가 하는 거요!

훈민이도 순식간에 흥분하여 물었다. 시연은 살짝 미소를 지었
다가 다시 진지한 얼굴로 답을 해주었다.

"화산 폭발을 알 수 있는 가장 명확한 신호는 화산의 수증기 폭
발이야. 쉽게 콜라병으로 예를 들게. 지하 빈 공간에는 마그마와 기
체들이 존재해. 이걸 콜라라고 생각하고, 그 위를 덮고 있는 지각을
콜라병의 뚜껑이라고 생각하자. 콜라는 저온에서 탄산가스가 더 잘
녹아 있어. 만약 콜라병의 온도가 올라가면 콜라에 녹아 있던 탄산
가스가 콜라 밖으로 빠져나와. 그때 병뚜껑을 살짝 따면? 틈이 생
겨서 기체와 콜라가 마구 뿜어져 나오지. 그처럼 수증기 폭발로 지

각이라는 뚜껑이 열리면 뒤이어 마그마도 뿜어져 나온단다."

시연의 설명에 정음이는 이해가 간다는 듯 고개를 끄덕였지만 훈민이는 여전히 오리무중이었다.

"훈민아, 액체 상태일 때 물의 분자는 수소 결합이라는 강력한 힘에 묶여 있지?"

"네. 물의 분자는 산소 하나에 두 개의 수소가 양쪽에서 잡아당기는 형태죠."

"맞아. 그리고 이웃하고 있는 다른 물 분자들과 함께 본다면 하나의 수소를 두 개의 산소가 둘러싸고 있는 것으로 달리 보이기도 하지."

시연은 훈민이가 갖고 있던 노트에 여러 물 분자의 집합을 그려 주었다.

한 개의 '물' 분자

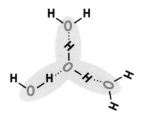

여러 '물' 분자의 집합

괴짜 과학자의 지구 멸망 시나리오

"이렇게 단단하게 결합을 유지하고 있는 액체 상태의 물에 열을 가하면 어떻게 될까?

200mL의 컵 안에 담긴 물로 예를 들어 보자. 이 물의 질량은 200g이야. 액체 물의 밀도는 1g/mL거든. 이 컵에 열을 가하면 액체의 물은 기체 즉, 수증기가 되어 버려. 만약 수소 결합으로 연결된 물 분자가 하나도 없는 상태까지 가열되었다고 가정하면 부피가 무려 1,600~1,700배 팽창하게 돼. 부피가 200mL였던 물이 320~340L 부피의 수증기가 된 거야. 이때 무슨 일이 벌어질까?"

"압력이 달라지죠. 컵의 뚜껑이 닫혀 단단히 고정되어 있는 것이라면 컵 안의 물 분자들은 서로 거리를 늘이며 컵의 벽을 밀어내게 될 거예요. 어떤 일정한 면적을 누르는 힘 즉, 압력이 올라가죠."

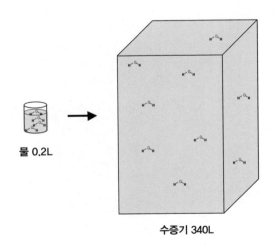

물 0.2L

수증기 340L

"맞아, 정음아. 뚜껑이 없었다면 압력에는 변화가 없었겠지. 그렇게 뚜껑이 꽉 닫힌 컵의 내부에서 서로 물고 뜯고 싸움박질 중이던 물분자들에게 희소식이 하나 전해졌어. '뚜껑의 약한 부분을 찾았다! 저기로 나가자!' 결국 그곳을 뚫고 수증기들이 한꺼번에 밀려 나갔어. 수증기 폭발이지.

화산의 수증기 폭발도 마찬가지야. 지각 아래 있던 각종 기체와 물이 가열되면서 부피가 커지다가 지각의 가장 약한 부분을 밀어내고 분출하는 거야. 동시에 마그마 속에 녹아 있던 기체들도 지금까지의 압력이 해소되었으니까 마그마 밖으로 튀어나오게 되지. 이 기체들이 마그마를 밀어 올리게 되는 거고."

"아… 그러면 수증기 폭발이 있는 화산은 조만간 마그마가 분출될 수도 있다는 거겠네요."

이제 이해가 되는지 훈민이가 고개를 끄덕였다.

괴짜 과학자의 지구 멸망 시나리오

# 백두산 폭발이
# 실화라면?

"미스터리가 하나 있어. 일명 '비극의 발해 멸망 사건'이야. 들어 볼래?"

공씨 삼인조 모두 힘차게 고개를 끄덕였다.

"946년, 『고려사』에는 '천둥이 울려 대사령을 내렸다.'라는 기록이 있어. 그리고 일본의 『정신공기』에는 '천력 원년 1월 14일에 하늘에서 소리가 났는데 마치 천둥소리와 같았다.'라는 기록이, 『흥복사연대기』라는 책에는 '천경 9년 10월 7일 밤에 하얀 화산재가 눈과 같이 내렸다.'라는 기록이 있어. 각 기록에 나온 천력과 천경은 일본의 독자적인 연호인데 대략 938년에서 956년이라고 생각하면 돼. 물론 짐작했듯이, 하늘의 북소리는 백두산의 폭발 소리였어. 평소 조용하고 참을성이 많던 백두산이 역사에 길이 남을 천년의 폭발을 일으킨 거야. 때마침 비슷한 시기에 유례없이 문화가 발달했던 한 나라가 멸망했지."

"발해죠?"

"훈민이, 정답. 그럼 여기서 의심이 하나 생기지."

백두산의 폭발이 발해 멸망에
어떤 역할을 했다는 건가요?

"그 시나리오를 제공한 사람은 일본의 화산학자, 도쿄 도립대학의 마치다 히로시 교수야. 그는 일본 본토의 화산재 퇴적층을 분석하던 어느 날, 원인 모를 특이한 화산재 층을 발견했어. 평소에 연구하며 본 화산재와는 확연히 달랐지. 본래 화산재는 마그마의 온도, 분출될 때의 압력, 포함하고 있는 물질의 양과 비율 등에 따라 생성되는 광물의 특징이 달라지기 때문에 어느 때 어떤 폭발로 발생된 것인지를 알 수가 있거든.

마치다 교수는 그 화산재들이 어느 방향에서 날아왔는지를 찾았어. 그리고 샅샅이 뒤진 끝에 광물들이 일정하게 어느 한 방향을 가리키고 있다는 걸 발견했어. 바로 대한민국의 위쪽, 백두산이었어. 마치다 교수는 늘어서 있는 퇴적층의 연대를 분석해 분출물의 나이도 파악했어. 그 결과 10세기에 일어난 분화로 생성된 화산재

괴짜 과학자의 지구 멸망 시나리오

임을 알 수 있었어. 그 순간, 마치다 교수의 머릿속에 무언가 번뜩! 떠올랐어. 미스터리한 결말을 맞이한 발해가!"

시연이 긴 이야기를 이어 가다 잠시 숨을 고르듯 멈추자 어느새 네 사람을 휘감고 있던 탄탄한 긴장감이 훅 끊어졌다. 그러고는 시연의 이야기를 들으며 계속 머릿속으로 품고 있던 궁금증을 지체 없이 꺼냈다.

"이모, 그런데 아까 946년에 폭발이 있었다고 했잖아요. 역사에 기록된 발해의 멸망 시기는 926년이에요. 20년의 차이가 있는데, 그렇다면 마치다 교수의 가설은 틀린 것 아닐까요?"

쉴 틈을 주지 않고 상체를 들이밀며 묻는 훈민이에 시연은 싫은 내색도 않고 말을 이었다.

"맞아. 과학이 진보하고 본격적인 연구가 진행될수록 마치다 교수의 주장에는 빈틈이 있다는 게 하나둘 밝혀졌어. 다시 처음으로 돌아가서 생각해 보자. 발해는 왜 멸망했을까? 도대체 10세기에 무슨 일이 일어났던 걸까? 훈민아, 네가 900년대 초중반에 한반도와 주변국의 상황이 어땠는지 말해 줄래?"

"네. 당시 한반도는 남쪽은 고려가, 북쪽은 발해가 차지하고 세력의 균형을 이루고 있었어요. 이전 왕조였던 신라 때부터 이미 북쪽에 존재하고 있던 발해였기에 남쪽의 왕조가 고구려를 계승한다는 고려로 바뀐다고 해도 엄연히 다른 두 세력이었죠.

10세기 초 중국 상황도 비슷했어요. 당나라가 멸망하고 난 뒤

크게 남과 북으로 나뉘었는데, 북쪽은 이후 72년 동안 다섯 나라가 차례대로 장악하게 된 반면 남쪽은 10개의 작은 나라들이 세력 균형을 이루며 자리 잡고 있었어요. 한마디로 대혼란기인 셈이었죠."

"그런 상황에서 고려와 발해는 평화롭게 지내지 않았어. 게다가 중국의 북쪽 변방에서는 다양한 민족이 나라를 세웠는데 첫 번째 주자가 바로 거란족의 요나라였어. 고려와 발해의 위치와 비교하면 서북쪽은 거란족, 동북쪽은 발해, 남쪽은 고려가 위치해 있었던 거지. 이 모습을 머릿속에 넣어 둔 채 이야기를 이어 나가 보자. 10세기에 서북쪽과 남쪽은 이전과 동일했어. 그런데 발해가 있던 동북쪽이 '동단국'으로 바뀌었지."

동단국이요? 저 그런 나라 처음 들어 봐요.

동단국은 거란족이 발해 유민을 통제할 목적으로 세운 나라라 우리 기억에 남아 있지 않은 거야.

"훈민이 말이 맞아. 동단국은 거란이 발해를 멸망시킨 뒤 동쪽에 세운 나라였어. 혼란스러운 상황에서 변방의 민족이었던 거란이 살아남기 위해선 무엇보다 세력을 키우는 게 우선이었어. 거란이 진출할 수 있는 나라는 서쪽과 동쪽이 있었는데, 수많은 주변국이 우글대는 서쪽 방향보단 발해 하나만 먹으면 되는 동쪽으로 가

괴짜 과학자의 지구 멸망 시나리오

는 게 합리적이었지."

미연은 잠깐 숨을 돌리더니 미스터리의 실마리를 찾아 입을 열었다.

"거란이 발해를 멸망시켰다는 점을 기억하고, 이번엔 거란이 세웠던 요나라의 역사서인 『요사』에 기록된 발해 멸망 당시의 상황을 더 꼼꼼히 살펴보자. 『요사』에 거란은 발해의 민심이 흔들린 틈을 타 싸우지 않고 이겼다는 기록이 나와. 그런데 당시 '해동성국'이라는 타이틀을 달 만큼 최전성기를 달리고 있던 발해가 싸움 한 번 못 해보고 멸망을 했다? 아무래도 이상하지 않니? 그래서 『고려사』를 뒤적였더니 '경자일에 백성 100가구 이끌고 내부하다.', '12월 무자일에 1000가구를 이끌고 내부하다.'라는 기록들이 보여. 공통적인 내용은 대규모 인구 이동이야."

"100가구, 1,000가구면 어마어마한 규모인데요. 제가 지금까지 접해 본 역사 기록 중 이런 대이동에 관련된 내용은 본 적이 없어요."

"훈민이 네 말대로 이건 정말 특이한 일이야. 일반 백성뿐 아니라 지도층도 함께 고려로 이동했어. 당시엔 가문의 역사가 고스란히 서려 있는 땅을 버리고 이사한다는 건 쉽지 않은 일이었지. 설사 전쟁이 났다고 하더라도 말이야. 그럼에도 발해인들이 고려로 가야만 했던 무슨 엄청난 일이 벌어졌던 것이 분명해."

남매는 창밖으로 스쳐 지나가는 설산의 풍경 따위는 까맣게 잊은 것처럼 시연에게서 눈을 떼지 못하고 고개를 끄덕였다.

"발해인들이 터전을 버리고 떠난 건 수증기 폭발과 같은 수많은 백두산 폭발의 전조 증상들이 있었기 때문은 아니었을까요? 그리고 발해인들이 다른 곳으로 이동한 뒤, 얼마 지나지 않아 백두산 천년의 폭발이 일어난 것이고요. 그렇게 보면 발해 멸망과 백두산 폭발 사이의 간격을 이해할 수 있어요."

훈민이도 정음이의 의견에 동의하는 듯 고개를 주억거리며 시연을 바라보았다.

"나 또한 동의하는 바야. 아마도 발해인들이 이주한 뒤 폭발한 백두산은 멀리서 봐도 알아볼 만큼 불기둥이 솟아오르고 수증기와 각종 가스, 화산재를 하늘에 뿌렸겠지. 그로 인해 생성된 구름이 대지를 삽시간에 암흑으로 만들었고 기온은 급격하게 떨어져만 갔고 말이야. 발해 멸망 이후 그곳의 모습은 참혹했을 거야."

오랜 시간 연구해 온 내용을 남매에게 설명하며 다시금 백두산 분화로 인한 멸망의 위험을 고민하는 시연이었다.

어… 그런데 이모. 가스가 분출되었고 불기둥까지 솟구쳤으면 마그마도 엄청 쏟아졌다는 건데, 그럼 따뜻해지지 않았을까요? 어째서 기온이 급격히 떨어져요?

마그마나 이산화탄소 같은 가스들이 약간의 기온 상승을

괴짜 과학자의 지구 멸망 시나리오

이끌었을지도 모르지만, 뜨거운 공기의 대류 현상이 큰 온도 상승을 이끌지는 못했지.

대류요…?

오빠, 물체와의 직접적인 접촉으로 열이 이동하면 전도, 덥혀진 주변의 따스한 공기로 인해 열이 이동하면 대류, 멀리서 난로 불을 쬐듯 열이 어떠한 매개체 없이 이동하면 복사. 열의 세 가지 이동을 몰라?

잘 들었지 훈민아? 호호- 대류는 밀도가 높은 찬 물질이 아래로 가고 밀도가 낮은 뜨거운 물질이 위로 올라가면서 이루어져. 서로 자리를 바꿔 앉는 것인데 얼마나 오래 걸리겠어. 불기둥이 아무리 치솟는다 해도 공기는 쉽게 데워지지 않았지. 오히려 재와 구름으로 인해 태양복사열이 막히며 곧바로 추위가 찾아온 거야.

아~

궁금증이 완벽히 해소된 훈민이가 깨달음의 탄성을 내뱉었다.

"그럼, 백두산 폭발이 실화가 된다면 어떤 상황이 나타날까요?"
이번에는 정음이가 꼬치꼬치 캐물었다.

"얼마 전 국립방재연구소에서 1,000년 전의 세기 그대로 또 한 번 백두산이 폭발했을 때, 시간에 따라 화산재가 덮이는 영역이 어떻게 변하는지 시뮬레이션으로 만들어 보여 준 게 있어. 그에 따르면 폭발 2시간 만에 휴전선 근방까지 화산재가 내려오고, 8시간이면 울릉도와 독도까지, 12시간이면 일본에 도착한대. 또 18시간이면 일본열도의 절반을 뒤덮고."

그렇게나 빨리요? 그럼 화산재로 뒤덮인 지역은 농작물이 다 시들고 자라지 않겠네요. 여기저기서 화산이 터지다 보면 언젠가는 전 세계가 화산재로 뒤덮일 텐데… 그럼 지구는 암흑의 땅이 되는 건가요?

비가 내려서 화산재가 씻겨 내려가면 나아지지 않을까요?

훈민이와 정음이가 연이어 질문을 해댔다. 시연은 조급해하는 남매에 천천히 답을 들려주었다.

"백두산의 천년 폭발과 같은 위력의 폭발이면 비로는 어림도 없을 거야. 수십 미터의 두께로 쌓일 테니까. 그렇다고 지구가 암흑의 땅이 되느냐. 그건 또 다른 문제야.

17세기 초, 당시 유럽인들은 나무나 풀을 태워 얻은 잿더미를 항아리에 모아 두었어. 이 잿더미가 식물의 생장에 큰 도움을 준다는 사실만 알고 있었거든. 그 항아리의 잿더미에 험프리 데이비라는 영국의 화학자가 호기심을 가졌어. 그는 잿더미 안에 무엇이 있길래 식물의 생장에 도움이 되는지 알고자 잿더미를 물에 섞어 전기를 흘려보냈어. 그러자 무언가 이상한 금속 같은 게 생겼지.

데이비는 자신이 찾은 칼륨 알갱이들을 '항아리 pot에 있는 재 가루 ash'라는 의미를 담아 '포타시 potash'라 불렀어. 그리고 세월이 흘러 이건 포타슘 potassium이 되었지. 그리고 30여 년이 더 지나 독일의 화학자 리비히도 항아리 속 잿더미에 관심을 가졌어. 그리고 데이비가 찾지 못한, 식물의 생장에 도움이 되는 물질인 인산도 찾아냈지.

자, 그럼 이 포타슘과 인산을 얻으려면 매번 불을 질러 재를 만들어야만 할까? 아니지. 자연이 화산 폭발이라는 대규모 방화로 어마어마한 양의 화산재를 주었잖아. 화산재는 세월이 흘러 풍화되면 자연히 점토화되고 우린 비싸서 얻기 어려운 칼륨 비료와 인산 비료를 자연으로부터 얻을 수 있는 거야. 즉, 화산이 폭발한다고 해서 지구는 암흑의 땅으로 남지는 않을 거란 거지."

"그러고 보니, 간혹 위험을 무릅쓰면서까지 화산 지대 근처에 살고 있는 사람들이 있다고 들었어요. 그들은 아마도 자연이 주는 최상의 비료를 버리고 떠날 수 없었던 것일 수도 있겠어요."

정음이의 말에 훈민이가 미간을 찌푸렸다.

"에이, 그래도 이왕이면 천년의 폭발 같은 무시무시한 일은 안 일어났으면 좋겠어."

훈민이의 말꼬리에서 힘이 빠졌다.

"이모, 근데 백두산 폭발을 늦출 수 있는 방법은 없을까요?"

"걱정이 많이 되는구나? 정음아, 그래서 이 이모가 백두산 폭발 연구를 하는 거지. 그 위험에 대해 정리해서 많은 사람에게 알리고, 피해를 막아 보는 것. 그게 이모의 가장 큰 목표야…"

관광버스를 타고 수 시간을 이동한 터라 노곤함이 서서히 몰려왔다. 정음이는 이번 여행이 참 알찼다는 생각을 했다. 엄마는 삼촌이 허튼짓을 많이 한다고 잔소리를 자주 했지만 삼식과 함께 살며 이런저런 모험 길에 따라다니고 나니, 정음이는 어쩐지 삼촌이 다르게 느껴졌다.

괴짜 과학자의 지구 멸망 시나리오

시나리오 4

# 변덕, 온난화와 빙기

# 시베리아 기단의
# 위용

겨울방학이 끝나가던 어느 날. 무시무시한 한파가 불어닥쳤다. 정음이는 집 안에서도 두툼한 옷을 챙겨 입은 채 거실 소파에 앉아 책을 읽었다. 훈민이도 이불을 두른 채 역사 만화에 빠져 있었다.

 이놈의 시베리아 기단은 힘도 좋지. 언제까지 한파 특보가 나게 하려지.

시베리아 기단에 푸념 섞인 투정을 부리는 정음이에 훈민이가 만화를 보다 말고 말을 걸었다.

 시베… 뭐? 지금 욕했어? 아무리 추워도 그렇지 욕은 좀….

괴짜 과학자의 지구 멸망 시나리오

아니 시베리아 기단 말이야! 우리나라 겨울 찬바람의 주범,
시베리아 기단 몰라?

정음이가 서릿발보다 날카로운 눈으로 타박하자 훈민이가 머리를 긁적였다. 정음이가 한숨을 포옥 내쉬고 말했다.

"오빠, 우리나라 주변에는 계절과 관련해서 다섯 개의 기단이 존재해. 그중 겨울에 가장 힘이 센 게 바로 시베리아 기단이야. 시베리아 알지? 춥고 광활한 그곳에서 탄생한 기단이니 당연히 겨울마다 우리나라를 꽁꽁 얼어붙게 만드는 거라고."

"아~"

훈민이가 이해했다는 듯 다시 만화로 시선을 돌리는데, 온종일 방에 틀어박혀 있던 삼식이 거실로 나왔다.

"얘들아, 그래도 우리나라의 자랑은 뚜렷한 4계절 아니냐. 겨울은 자고로 추워야 제맛이지."

엄지까지 척 들어 올리며 말한 삼식이지만 그런 말을 하는 사람치고는 꼴이 말이 아니었다. 까치집을 지은 머리는 떡이 졌고 모든 일을 이불 속에서 하는 바람에 얼굴에 생긴 베개 자국이 누가 봐도 겨울이 싫어 꽁꽁 싸맨 채 이불 속에 파묻혀 지내는 폐인의 꼴이었다. 정음이는 혀를 끌끌 찼다.

"삼촌, 춥다고 방에 콕 박혀 있지만 말고 제자리 걷기라도 해요."

"정음아, 추울 땐 방콕이 제일 안전하단다. 이불 밖은 위험해~"

"방금 전엔 겨울은 추워야 한다면서요."

"봄엔 따뜻하고, 여름엔 덥고, 가을엔 청명하고, 겨울엔 추운 것이 자연의 진리란 소리지. 안 그러냐? 훈민아?"

"전 날씨가 그냥 따뜻하기만 하든가 아님 시원하기만 하면 좋겠어요. 왜 굳이 덥고 추운 계절이 있는지 모르겠다니까요."

"지구 님께서 기울어지신 채 태양 주위를 도는 이상, 계절과 빙기 변화는 피할 수 없는 운명이란다."

말을 마치자 삼식이 갑자기 벌떡 일어나 자기 방으로 들어갔다. 그러고는 잠시 뒤 손에 휴대폰과 팽이 하나를 들고 나왔다.

"삼촌, 웬 팽이예요?"

"와, 진짜 오랜만에 본다."

"너희에게 빙하기에 대한 설명을 해주려고."

웬 빙하기냐는 듯 어리둥절한 남매를 두고 삼식은 휴대폰으로 누군가에게 문자를 보냈다. 그리고 훈민이가 거실을 정리하자 팽이에 끈을 촘촘히 감아 거실 한복판에 팽이를 날렸다. 왕년에 팽이 좀 돌려 본 실력이 어디 가지 않았는지, 삼식이 날린 팽이는 금세 균형을 잡고 힘차게 돌기 시작했다.

"지금부터 팽이의 회전축을 잘 봐. 바닥에 꽂힌 뾰족한 꼭지 부분 말이야. 지금은 제자리에서 꼿꼿하게 선 채 잘 돌지만 금방 기울어져서 바닥에 커다란 동그라미를 그리게 될 거야."

괴짜 과학자의 지구 멸망 시나리오

삼식의 말대로 팽이는 조금씩 힘을 잃어 가면서 바닥에 꽂힌 꼭지 부분이 점점 큰 동그라미를 그리기 시작했다. 그리고 더 힘이 빠져 동그라미마저도 형태를 잃어버릴 즈음, 삼식이 손에 들고 있던 끈으로 팽이를 내리쳤다. 도는 방향에 맞춰 적당한 힘으로 치니 팽이는 마치 채찍을 맞고 뛰는 말처럼 다시 빠르게 돌아가기 시작했다.

"오~ 삼촌 팽이 좀 치시네요? 근데 이 팽이와 빙하기가 무슨 관계가 있어요?"

"팽이로 빙하기 주기를 비유한 거야. 팽이의 회전은 지구의 자전이야. 기울어진 팽이는 지구의 기울어진 자전축, 팽이의 회전축이 바닥에 그려 나가는 동그라미는, 지구가 태양 주위에 그리는 공전궤도를 의미하지. 또 내가 끈으로 팽이를 후려치는 힘은 태양과 달의 인력을 의미해. 시간이 흐름에 따라 팽이가 바닥에 그리는 동그라미는 변하다가도 끈에 맞으면 다시 원래대로 돌아가지. 이 팽이처럼 지구의 공전궤도도 변했다가 원래대로 돌아갔다가 한단다. 그리고 이 패턴에는 일정한 주기가 있어."

"삼촌, 그 주기를 알아낸 사람 혹시 밀란코비치라는 천체 물리학자 아닌가요?"

"맞아, 정음아. 그는 자전축의 기울기가 어떠한 주기로 변해 가고 있음을 발견했어. 지구의 회전축이 좌우로 뒤뚱뒤뚱하면서 돌아가는 모습 또한 주기를 가지고 있다는 것도 밝혀냈지. 그런데 밀란코비치가 평생을 걸쳐 연구해 낸 결과들이 너무나 충격적이야.

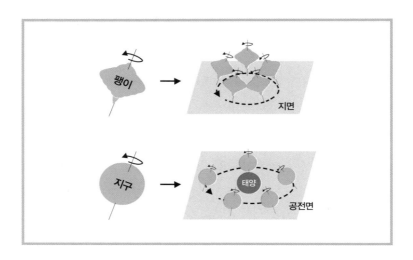

자전축의 기울기는 대략 41,000년마다 바뀌고, 지구 자전축 자체가 도는 세차운동은 23,000년마다, 그리고 공전궤도의 모양은 대략 100,000년을 주기로 변한다는 거야. 이러한 변화들로 인해 지구는 어쩔 수 없이 태양과 멀어지는 시기를 맞이할 수밖에 없어. 이는 적어도 수만 년에 한 번씩은 빙하기를 겪어야만 한다는 의미지."

두 남매는 지구의 자전과 공전, 기울어진 자전축이 단순히 계절의 변화만 가져오는 게 아니라 주기를 가지고 빙하기를 불러온다는 사실이 놀라운 듯했다. 삼식은 밀란코비치가 발견한 지구의 변화 모습을 남매가 더 이해하기 쉽도록 노트에 그림을 간단히 그려 보여 주었다.

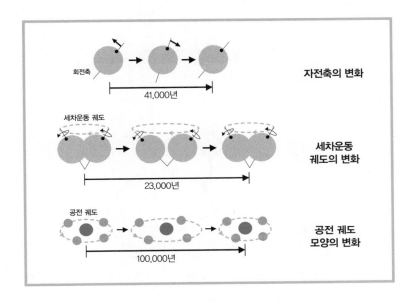

자전축의 변화

41,000년

세차운동
궤도의 변화

23,000년

공전 궤도
모양의 변화

100,000년

"밀란코비치의 연구 결과는 과학계를 뒤흔들었지. 그러나! 완벽해 보이는 그의 연구 업적에도 빈틈은 있었어. 수만 년에 한 번씩 일어나는 대★빙기는 맞췄지만, 중간 중간에 일어나는 소小빙기들에 대한 정보는 밝혀내지 못한 거야. 어떻게 보면 우리에게 직접적인 영향을 끼치는 것은 수많은 소빙기일 거야. 카운터펀치 한 방은 세지만 실제 복싱에서 상대를 눕히는 더 중요한 펀치는 수많은 잽이니까."

이때 세 사람이 사는 단출한 집에 누군가 찾아왔는지 초인종이 '띵동' 하고 울렸다.

# 본드 이벤트

추운 날씨를 뚫고 누가 왔을까? 잠시 후, 한파 따원 우습다는 듯 모자나 목도리 같은 방한품은 하나도 착용하지 않고 얇아 보이는 점퍼에 추리닝 바지만 달랑 입고 있는, 덩치로 보나 얼굴로 보나 매우 건장한 20대 남자가 나타났다.

"공 박사님, 안녕하세요!"

"어이, 동동이. 오느라 고생했어. 얘는 정음, 얘가 훈민이야. 얘들아, 너희도 인사해. 우리 연구 모임의 막내, 닉네임 강동동, 본명 강동주. 대학교 1학년, 스무 살이라 너희랑은 다섯 살밖에 차이 안 나."

삼식의 소개에 훈민이는 어영부영 '안녕하세요'라고 인사를 했고 정음이도 샐쭉 인사를 했다. 그러고 남매는 대체 저 사람을 왜 불렀냐는 표정으로 삼식을 바라보았다.

동동이는 우리 모임에서 기후 멸망론을 주로 연구하는
천재야. 빙하기에 대한 궁금증을 한 방에 날려 줄 수 있지.

 중딩이 빙하기에 관심을 갖다니 흥미롭네요.
어떤 이야기 중이셨어요?

 아직 이야기 초반부였어. 빙하기 주기를 설명하던 중이었지.

 그럼 간빙기에 대해 말할 타이밍이군요.


정음이와 훈민이는 갑자기 들이닥친 이 남자가 대체 무슨 이야기를 하려나 궁금해서 잠자코 있었다.

"우리는 흔히 빙하기를 매서운 추위의 연속이라고 생각하는데, 사실 빙하기는 절대 춥기만 하지 않아. 힘든 고난 속에서도 소소한 행복은 있듯이, 자연이 준 빙기라는 이름의 차가운 고통 속에는 간빙기라는 이름의 따뜻한 행복도 숨어 있지. 우리가 살고 있는 이 땅, 이 지구는 매 순간이 빙기와 간빙기의 연속이야. 과학계는 우리가 살아가고 있는 지금이 간빙기라고 이야기해. 인공위성을 통해 지구를 내려다보면 왜 그렇게 말하는지 알 수 있어. 너희 우주에서 바라본 지구의 모습이 어떤지 알고 있지?"

"그럼요. 바다는 푸르고, 초원은 녹색, 사막은 노란색이죠. 그 위

로 움직이는 하얀 구름들이 있고요. 그리고 언제나 하얗게 빛나는
북극과 남극도 있어요."

"그중에서 우리가 집중해서 봐야 할 건 지구의 양 끝단에 있는
북극과 남극이다. 지금은 지구의 정수리와 턱 끝에만 얼음이 덮여
있지만 지구 온도가 낮아지면 이 얼음들은 정수리에서 이마로, 턱
에서 볼로 번져 나가지."

동주는 아까 전 삼식이 지구의 회전 주기 변화를 그렸던 노트를
가져다 빙하의 크기 변화를 직접 그려 가며 말을 이어 나갔다.

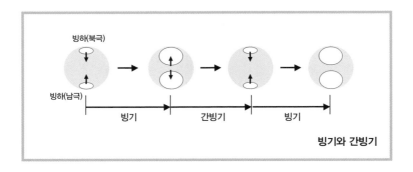

"양쪽의 얼음이 만나는 바로 그때가 전 지구가 얼음으로 덮이
는 가장 추운 빙기야. 이와는 반대로 얼음이 점점 끄트머리로 후퇴
한다면? 빙기는 저물고 비로소 간빙기가 도래한 것이지."

동주의 손끝을 따라 시선을 옮기던 정음이가 그림의 맨 마지막,
북극과 남극의 얼음이 맞닿는 그림을 손으로 짚으며 물었다.

괴짜 과학자의 지구 멸망 시나리오

"이때는 위력이 어마어마했겠어요. 공룡의 멸종도 빙기와 관련이 있다고 하던데 그때가 이 정도 아니었을까요?"

"맞아. 인류가 태어나기 직전에 있었던 마지막 빙기였어. 그 많던 공룡들이 나가떨어질 만큼 위력이 셌고 뿐만 아니라 10만 년이라는 어마어마한 세월 동안 지속됐지. 그 길고 긴 빙기가 지나고 지금으로부터 15,000년 전, 드디어 간빙기가 찾아왔단다."

형! 근데 왜 빙기, 간빙기라고 하는 거예요?
온기, 간온기라고 하지 않고요?

훈민이가 묻자 동주는 손가락을 튕겨 소리를 내고는 웃었다.

간빙기라는 이름에서 '간' 자는 '사이 간間' 자야.
굳이 온기라고 하지 않고 빙기 앞에 간 자를 붙인 건 바로
빙기가 메인이기 때문이야.

동주는 잠시 텀을 두었다가 다시 말을 시작했다.

"역사상 가장 강력한 위세를 뽐낸 몽골제국이 넓은 영토를 차지하게 된 이유로 급작스레 찾아온 빙기를 지적하는 학자들도 있어. 몽골족은 초원을 무대로 목축을 하며 사는 민족이야. 풀이 많은 곳에서 가축을 키우고 살다가 풀이 다 사라지면 다른 지역으로 이

동했지.

칭기즈칸 이전의 시대에 몽골족은 굳이 다른 지역으로 옮기지 않아도 될 만큼 풀이 풍족한 지역에서 살고 있었어. 그런데 칭기즈칸이 정복 전쟁에 나서기 시작하던 때부터 이상 기후가 포착된 거야. 빙기로 인한 심각한 건조 기후가 푸른 초원 지대를 전부 사막으로 만들어 버렸어. 자연히 풀을 먹고 사는 가축도 죽었지. 하는 수 없이 몽골족은 초원 지대를 찾아 떠나야 했고, 새롭게 찾은 초원 지대를 빼앗기 위해 칭기즈칸을 필두로 하여 정복 전쟁을 벌일 수밖에 없었다는 거야. 물론 정확한 이유는 그들만이 알겠지만 말이야."

새로운 사실을 알게 되자, 훈민이와 정음이는 냉큼 일어나 자신들의 방으로 달려가서 노트를 들고 나왔다. 가설이긴 해도 생각할 거리가 있는 이야기들은 기록한다. 삼식과 살면서 새롭게 생긴 남매의 습관이었다.

잠시 삼식과 동주가 해준 이야기를 정리하던 정음이가 방금 전 동주가 했던 이야기에 의문을 품었다. 과학자들이 지금 시기를 간빙기라고 했다는데, 빙기는 주기적으로 왔다 갔다 하니까 그럼 곧 빙기가 올 수 있다는 소리이기도 했다.

 오빠, 지금의 간빙기는 언제 끝나요?

아… 매우 유감스럽게도 과학자들은 지금의 간빙기가 거의 끝자락에 도달했다고 보고 있어.

 그럼 우리 당장 영화 '마션'의 주인공처럼 우주선 타고 화성에라도 가야 하는 거 아니에요?

 아직까지는 걱정하지 않아도 돼. 15,000년 전에 시작된 간빙기가 거의 끝나간다고 해봤자 1년이 남았겠어 아니면 10년이 남았겠어. 적어도 우리 다음 세대까지는 이 간빙기가 완전히 끝나진 않을 거야. 걱정은 우리 몫이 아니란 뜻이지.

훈민이는 이전에 만났던 기태와 시연을 떠올렸다. 두 사람 다 자신들이 생각하는 유력한 멸망론을 이야기하며 무서워할 필욘 없지만 대비는 해야 한다는 이야기를 했었다. 반면, 동주는 이상하리만치 담담해 보였다.

"난 빙하기로 인한 지구 멸망을 연구하고는 있지만 우리 모임의 누님, 형들이랑은 좀 성향이 달라. 말 그대로 지구가 멸망할 대 사건인데 이걸 어떻게 대비하겠어. 다만 지구가 멸망할 대빙기 말고 몇 백 년 뒤에라도 찾아올지 모를 소빙기에 대해서는 나도 대비해야 한다고 생각해."

"그럼 형이 알고 있는 빙기에 대한 사실들을 알려 주세요."

"지금으로부터 20년 전, 미국의 콜롬비아 대학에서 놀라운 연구 결과 하나를 발표했어. 라몬트 국립지질연구소의 연구원인 본드가 지구에는 1,500년 주기로 몇 번의 소빙기가 있었다고 주장한 거야. 가장 최근의 소빙기는 15세기 무렵이었고 약 300여 년간 지속되었다고 했어. 본드는 이렇게 1,500년마다 일어나는 기후적 변화에 자신의 이름을 붙여 '본드 이벤트'라 부르기로 했어."

"오~ 제임스 본드가 생각나는 이름이네요."

"아이슬란드와 알프스 같은 추운 지방에서부터 시작된 15세기 마지막 본드 이벤트의 모습을 설명하자면 이래. 머릿속으로 상상해 봐.

유럽을 중심으로 급속도로 퍼져나간 빙기는 비록 규모가 작은 소빙기였지만 그로 인한 피해는 상상 그 이상이었어. 눈은 녹지 않는 얼음으로 변했고, 초원은 새하얀 눈으로 뒤덮여 갔으며, 대기는 건조해져 땅은 사막화되어 갔어. 관광지로 유명한 영국의 템스강은 꽝꽝 언 스케이트장이, 매일 뜨거운 태양빛이 내리쬐던 에티오피아는 눈밭이 되었지.

눈을 씻고 찾아봐도 먹을 음식은 없고 땅을 파도 나오는 건 얼음뿐이었어. 극심한 추위가 가져온 식량난은 배고픔과 온갖 병을 불러왔고 고통에 힘들어하던 사람들은 극심한 우울감에 빠질 수밖에 없었어. 눈앞에 놓인 가난보다 더 큰 문제는 어쩌면 추위에 닫혀 버린 사람들의 마음이었을지도 몰라."

동주가 눈을 감은 채 당시의 풍경을 설명하자 그걸 따라 머릿속

괴짜 과학자의 지구 멸망 시나리오

으로 상상을 해보던 남매는 이윽고 얼굴을 찌푸리고 말했다.

지옥이 따로 없었네요···.

# 추위가 선물한
# 아름다운 선율

"얘들아, 빙기의 추위는 정말 쓸모가 없을까?"

"네? 아니 당연히 쓸모가 없죠! 추워서 모든 생명이 살아남질 못하는데요."

"어마어마한 추위가 주는 선물도 있어."

동주를 바라보는 남매의 얼굴에 큰 물음표가 떠올랐다. 그걸 읽은 동주는 먼저 자리를 일어났다.

"박사님, 역시 얘들에게 직접 보여 주면서 말하는 게 좋겠죠? 우리 모두 강추위가 준 선물을 보러 갑시다!"

삼식은 재빨리 방으로 들어가 가방을 챙겨 나왔다.

"으윽—"

현관문을 나서자마자 강력한 바람이 네 사람에게 날아들었다.

괴짝 과학자의 지구 멸망 시나리오

훈민이는 추위에 이를 딱딱 부딪치며 얕게 신음을 흘렸다. 어린이와 노약자는 외출을 자제하라는 국민안전처의 문자처럼 몸이 약한 사람은 병이라도 날 만한 날씨였다. 반면 동주는 추위를 아랑곳하지 않은 채 앞장섰다. 공씨 삼인조는 그 뒤를 따라 빙판을 조심하며 쫓아갔다. 그들이 잠시 후 도착한 목적지는 동네에 있는 공원이었다.

"저기, 저쪽으로 가면 추위가 준 선물을 볼 수 있어."

동주가 가리킨 곳에는 이파리 하나 없이 추위를 온몸으로 맞고 있는 나무들, 그중에서도 누군가 잘랐는지 둥치만 덩그러니 남은 나무였다. 판판한 윗면을 드러낸 나무둥치 앞에 다다르자 네 사람은 그걸 동그랗게 둘러싸고 섰다.

"너희 '스트라디바리우스'라는 이름을 들어 본 적 있니?"

"알아요. 현악기 제작 가문인 스트라디바리 가문에서 만든 악기나, 명장 안토니오 스트라디바리가 만든 바이올린을 지칭하죠? 그 악기는 다른 악기에 비해 소리가 더욱 명확하고 아름답다고 들었어요."

"맞아. 오늘 내가 얘기할 스트라디바리우스는 바이올린계의 삼신 중 하나로 일컬어지는 바이올린의 이름이야. 정음이 네 말처럼 소리가 정말 아름답다고 하지. 그런 스트라디바리우스의 아름다운 선율을 만든 건 바로 마지막 본드 이벤트야."

"정말요?"

"아까 말했듯 마지막 소빙기는 유럽부터 시작되었어. 그래서 유럽이 특히 더 추웠지. 갑작스러운 추위에 나무들의 성장도 더뎌졌어. 그 바람에 악기 제조업자들은 악기를 만들 나무를 구하는 데 애를 먹었지. 그래서 하는 수 없이 크로아티아의 얼어붙은 단풍나무를 사용하게 되었어. 그런데 희한하게도 추위 속에서 성장한 크로아티아산 단풍나무로 만든 바이올린의 소리가 환상적이었어. 제작 방법은 동일한데 왜 소리가 다를까? 사람들은 그 이유가 나무의 밀도에 있다는 걸 알아냈어. 바로 이 나이테를 보고서 말이야."

동주는 쭈그려 앉으며 나무둥치 윗면의 뚜렷한 나이테를 손으로 짚었다. 그를 따라 삼식과 남매도 쭈그리고 앉아 나이테를 바라보았다.

"나이테요? 나이테는 1년에 한 개씩 생겨서 그 나무의 나이를 알 수 있게 해주는 거잖아요."

"그뿐만이 아니야. 그 나무가 자라온 환경도 보여 주지. 우선 나이테의 생성 원리를 먼저 알려 줄…."

"아! 잠깐만요!"

본격적인 설명에 나서려는 동주의 말을 끝내 정음이가 자르고 들어왔다. 더 이상은 추위를 참기 어려웠던 것이다.

"저기 카페로 이동해서 이야기하죠? 나이테는 제가 사진으로 찍을게요. 이러다 얼어 죽겠어요!"

대답은 들을 필요도 없다는 듯 벌떡 일어나 훈민이를 이끌고 카페로 향하는 정음이에 동주는 삼식을 보며 '허허' 하고 멋쩍게 웃었다. 삼식은 그런 동주를 데리고 카페로 향했다. 사실 삼식도 발가락이 얼어서 힘든 참이었다.

따뜻한 카페로 들어서니 향긋한 커피 냄새가 가득했다. 남매는 온몸이 순식간에 녹는 듯한 온기에 안도의 한숨을 쉬며 자리를 잡았다. 동주도 이어 자리에 앉고 삼식은 음료를 사러 갔다.

"다시 본론으로 들어가 볼까? 따뜻한 봄날, 여린 나무는 튼튼한 나무가 되겠다 다짐하며 영양분을 흡입하고 물도 열심히 마셨지. 어찌나 먹고 마셔 대는지 물과 영양분이 이동하는 통로가 부족할 지경이었어. 그 통로들은 새싹이 성장할수록 늘어났고, 어느새 커다란 그룹을 형성하게 됐어. 이를 지켜보던 인간들은 '봄에 자라난 영역'이라 하여 '춘재春材'라 부르기로 했지. 춘재는 어찌나 잘 먹었던지 덩치도 크고 뽀얀 살결을 자랑했어.

이윽고 무더운 여름이 지나가고 가을이 찾아왔어. 기온이 낮아지니 나무들은 소화가 잘 되지 않는지 조금씩 식욕을 잃었어. 물과 영양분이 이동하는 통로들도 작아졌지. 이를 지켜보던 인간들은 또 이름을 붙여 줬는데 '가을에 자라난 영역'이라 하여 '추재秋材'라 부르기로 했어. 추재는 삐쩍 마르고 살결도 검게 변해 있었지.

뽀얗고 통통한 춘재와 까무잡잡하고 깡마른 추재. 이 둘은 매년 사이좋게 짝을 지어 왔어. 이 커플을 보고 인간들은 '나이테'라는 이름을 붙여 주었단다. 자, 그럼 아까 찍어 온 사진에서 춘재와 추재를 찾을 수 있겠어?"

이야기를 마친 동주가 질문을 던지자 남매는 단박에 알겠다는
듯 손가락을 뻗었다.

"여기가 춘재고 여기가 추재, 맞죠?"

"정답."

"아~ 춘재 하나와 추재 하나를 합한 게 한 개의 나이테가 되는
거군요!"

훈민이가 손뼉까지 짝 치며 말하자 정음이도 동주의 이야기가
잘 이해가 되었는지 가만히 고개를 끄덕였다. 그러다 문득 궁금한
게 생겨 고개를 번뜩 들었다.

과짜 과학자의 지구 멸망 시나리오

"그런데 왜 춘재는 뽀얗고 추재는 까맣게 보이는 거죠?"

정음이의 물음에 동주는 훈민이의 노트를 잠시 빌려 새로운 페이지를 펼쳤다. 그러고는 세로 선을 여러 개 그려 넣었다. 남매는 잠자코 동주의 손을 따라 시선을 옮겼다.

〈실제〉

 음... 이게 뭐예요?

 실제 나이테의 모습?

 이게요?

"아까 춘재 기간에는 물과 영양분의 이동 통로가 넓다고 했지? 그때는 나무의 세포가 커지고 세포벽도 얇아져. 반면 추재 때는 이동 통로도 좁아지고 세포도 작아지며 세포벽도 두꺼워져.

자, 여기 선의 간격이 넓은 쪽은 춘재 때 형성된 나이테야. 간격이 좁은 쪽은 추재 때의 나이테지. 이걸 멀리서 보자. 둘 다 몸을 뒤로 멀찍이 물러나 봐. 어떻게 보이니?"

동주가 남매를 향해 노트를 펼쳐 들자 남매는 의자를 뒤로 밀며 물러났다.

"오, 춘재 쪽은 하얗게 보여요. 얇은 선이 띄엄띄엄 있으니까 아예 선이 없는 것 같아요."

"그런데 추재는 새까맣네요. 얇은 선들이 빈틈없이 붙어 있으니까 마치 검은 선 같아요."

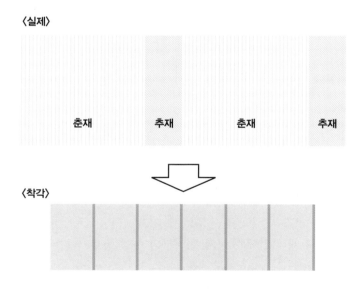

"바로 그거야. 세포들 자체가 거리를 두고 있어 세포벽이 띄엄띄엄 있는 춘재는 하얗게 보이고 세포벽이 다닥다닥 붙어 있는 추재는 검게 보이는 거야. 하얀 공간의 일부분을 차지하고 있는 검은 공간을 보고 단순히 '검은 줄'이라 인식하는 건 우리의 눈이 흔히 일으키는 착각이거든."

네 사람은 잠시 숨을 돌릴 겸 각자 음료를 한 모금씩 마셨다. 따뜻한 음료를 호호 불며 마시던 삼식과 남매는 보기만 해도 이가 시린 아이스커피를 단숨에 빨아올리고는 그러고도 모자랐는지 얼음까지 으드득 씹어 먹는 동주를 보고 혀를 내둘렀다. 빙하기 전문가다운 포스가 물씬 풍겼다.

"음, 근데요…. 아까 우리 밖에서 무슨 이야기를 하다 들어왔죠? 너무 추웠던 터라 기억이 안 나요."

나이테 형성 원리를 배워서 좋긴 한데 이걸 왜 배웠는지가 기억이 나지 않아 곰곰이 생각하던 훈민이가 말했다. 아직 얼음을 씹느라 바쁜 동주를 대신해 삼식이 대답했다.

"나이테를 보고 그 나무가 자라온 환경을 알 수 있다고 했지. 이제 나이테가 어떻게 만들어지는지 알았으니 과학자들이 어떻게 나이테를 보고 과거를 분석할 수 있는지를 알아볼 차례야. 그걸 알아야 스트라디바리우스 선율의 비밀을 알 수 있지.

많은 과학자들은 나이테의 간격을 통해 과거의 기후를 놀라우리만큼 정확히 분석해 내고 있어. 수십 년, 아니 수백 년 전에 어떤 일이 일어났는지를 발견하고 심지어 전설로만 전해 내려오던 극심한 가뭄의 흔적을 찾아내기도 해. 그 시기마저 한 치의 오차도 없이 짚어 내지.

이건 다른 나라의 이야기가 아니야. 2014년 국립산림과학원은 우리나라 소나무들의 나이테를 분석해서 과거는 물론, 미래의 기후까지 예측할 수 있는 시스템을 만들어 냈어. '나이테 연대기'라는 시스템이야. 이 시스템의 원리는 동주 네가 설명해 줘라."

"네, 박사님. 나이테의 간격은 덥고 습할수록 넓어지고 춥고 건조할수록 좁아진다고도 정리할 수 있어. 이 사실을 토대로 내가 그린 이 나이테 그림을 분석해 봐."

퀴즈가 던져지자 정음이는 허리를 곧추세웠고 훈민이는 의지에

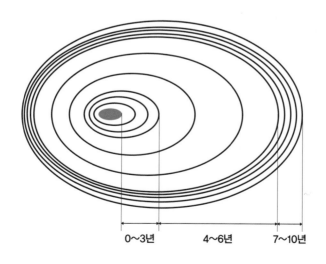

0~3년 4~6년 7~10년

괴짜 과학자의 지구 멸망 시나리오

불타는 눈빛을 했다. 남매는 사이좋게 노트를 사이에 두고 머리를 맞댔다. 그림을 하나씩 짚으며 나이테 개수를 센 훈민이가 먼저 말을 꺼냈다.

"나이테의 개수가 총 열 개예요. 그러니까 10년 정도 된 나무라고 할 수 있어요."

"이 나무가 처음 성장하기 시작한 3년 동안은 비가 적게 내렸거나 기온이 낮았던 것 같아요. 나이테의 간격이 좁거든요. 이후 3년 동안은 갑자기 간격이 폭발적으로 넓어졌으니 이때는 비가 많이 내렸거나 날씨가 따뜻했을 거예요."

"그리고 마지막 4년 동안은 나이테 간격이 매우 좁으니까 나무가 제대로 자라지 못할 만큼 건조했거나 추웠을 거예요!"

남매의 말이 끝나자 동주는 놀란 눈으로 삼식을 바라보았고 삼식은 '역시 내 조카들'이라는 듯 뿌듯한 표정을 지었다.

"하나를 알려 주면 열을 안다는 게 이런 거구나! 대단하다. 좋아. 그럼 이쯤에서 수준을 한 단계 높여 보자. 동양에서는 동, 서, 남, 북 네 방향을 지키는 수호신들이 있다고 믿었어. 바로 청룡, 백호, 현무, 주작이야. 동쪽은 청룡, 서쪽은 백호, 북쪽은 현무, 남쪽은 주작이 지킨다고 해. 만약 그들이 이 나무를 지키는 네 명의 수호신이었다면 나무의 주변에 어떤 배치로 서 있게 될까?"

동주의 질문에 남매는 골똘히 생각에 잠겼다. 동주는 남매가 답을 더 빨리 찾을 수 있도록 힌트를 더해 주었다.

"앞서 말했듯 따뜻한 햇살과 넉넉한 강수량은 넓은 간격의 나이테를 만들어 주지. 그렇다면 햇빛이 잘 드는 방향은?"

"남쪽… 아! 나무는 햇빛으로 영양분과 물을 생성하니까 사방위 중에서도 유독 햇빛이 강한 남쪽을 향해 자라겠네요. 즉, 나무에서 나이테의 간격이 넓은 쪽이 남쪽이라는 거죠?"

동주의 말에 힌트를 얻은 정음이가 단숨에 답을 찾았다. 동주는 시원하게 고개를 끄덕였다.

"그래서 나침반이 없던 시절에 산속에서 길을 잃으면 나이테가 일러 주는 방향을 따라갔대. 이제 남쪽을 알아냈으니 사방위 신들의 자리를 잡아 보자."

동주가 남매의 앞에 있는 노트를 가리키자 정음이는 망설임 없이 펜을 들었다. 그리고 훈민이와 함께 사방위 신의 이름을 노트에 적었다.

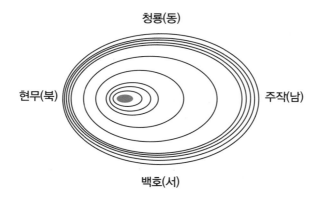

청룡(동)

현무(북)

주작(남)

백호(서)

괴짜 과학자의 지구 멸망 시나리오

“정확해! 얘들아. 그럼 드디어 스트라디바리우스의 비밀을 이야기할 때가 되었다. 마지막 소빙기에 벌목한 크로아티아 단풍나무의 나이테는 간격이 매우 좁았겠지. 추위에 성장이 더뎠던 터라 영양분과 내부 물질들이 꽉꽉 들어찼거든. 그래서 세포 조직이 치밀해 밀도가 높았어.

이 높은 밀도는 소리의 변화라는 결과를 가져왔어. 소리는 진동에 의해 생긴 음파가 귀에 전달되어 들리는 거야. 이 음파는 밀도가 높은 물질에서 더욱 잘 전달되지.

그래서 한랭 기후로 인해 밀도가 높아진 크로아티아 단풍나무로 만든 악기는 소리 전달이 더욱 탁월할 수밖에 없었어. 추위 덕분에 스트라디바리우스라는 위대한 악기가 만들어진 거지.”

빙기가 아름다운 선율을 선물로 준 거네요.

# 선비의 나라에
# 찾아온 불청객

카페에서 이어진 토론을 끝내고 동주는 허기가 진다며 세 사람을 자신의 단골 한정식집으로 이끌었다. 추운데 버스도 아니고 걸어서 가자는 동주의 말에 정음이가 잠시 반발하긴 했지만, 평화롭게 택시를 타기로 협의를 보았다.

잠시 후, 도착한 한정식집은 우아한 한옥이었다. 은은한 조명에 전체적으로 목재 가구가 들어서 있었다. 천장은 탁 트여서 구불구불한 서까래와 그걸 받친 도리가 드러나 보였다. 정음이는 굵고 튼튼해 보이는 서까래의 끄트머리에서 비뚤비뚤 어그러진 원 모양의 나이테를 발견하고 방금 전 카페에서 들었던 추위와 나무의 생장에 대한 이야기를 다시금 떠올렸다.

한 상 멋진 차림이 나오고 네 사람은 천천히 배를 채우기 시작했다. 그러다 아까부터 말이 없던 훈민이가 문득 맞은편의 삼식과 동주를 번갈아 바라보며 물었다.

"소빙기라고 해도 1,500년이란 세월이라고 했잖아요. 그런데 그 소빙기 내에서도 더 춥고 덜 추웠던 때가 있지 않았을까요?"

빠른 속도로 밥을 비우고 있던 동주가 훈민이의 물음에 수저를 잠시 내려놓았다.

"그렇지. 과학자들이 1,500년을 그냥 통으로 두고 볼 사람들이 아니니까. 본드의 발표가 있은 지 10여 년이 흐른 어느 날, NASA에서 이런 발표를 했어. 100년을 간격으로 세 번의 혹독한 추위가 찾아왔고 그 시기는 1650년, 1770년, 1860년이라고 말이야."

"어, 잠깐만요! 그 시기면 조선시대예요. 그럼 우리나라는 조선시대 전 기간에 걸쳐 추위를 겪었다는 거네요?"

훈민이의 말에 정음이는 작년 포항에 지진이 일어났을 때, 조선시대에 유독 이상 징후가 많았다는 기록을 본 게 떠올랐다. 『조선왕조실록』이나 『증보문헌비고』 등 도서에 추위, 지진, 해일, 굶주림과 가난에 대한 수많은 기록이 남아 있었다. 혹시나 그 재난들은 소빙기에 의한 것이 아니었을까 하는 의문이 들었다.

오빠, 1650년이면 당시 조선시대 왕은 누구였어?

현종이지. 조선 역사상 가장 심각한 천재지변을 당한 왕.

그럼 현종 때 기록 중에 추위로 인해 백성들이 고통받았던 기록은 없었어?

그건 내가 당연히 알고 있지.

남매의 토론에 동주가 꼬질한 수첩을 꺼내며 다시 끼어들었다.

"청나라에서 태어난 현종이 조선에 돌아와 즉위한 지 10년 하고도 2년이 더 지났을 무렵인 1670년 5월, 당시 평안감사였던 민유중이 자기 형에게 쓴 편지가 남아 있어. 자신의 답답한 심정을 토로하는 내용이었지. 그 편지를 한번 읽어 줄게."

큰형님께 올립니다. 지난번에 비가 조금 내리자 농민들이 늦었지만 파종을 하고 이앙을 하였습니다. 참혹한 가뭄이 지금 20여 일에 이르러 앞날이 가망 없을 것 같아 답답할 따름입니다. 40년 동안 살면서 금년 같은 가뭄을 본 적이 없습니다. 실로 국운이 걸려 있어 걱정을 이루 다 말할 수 없습니다.

동주가 읽어 준 내용에 훈민이가 한숨을 푸욱 내쉬었다.

"내용이 정말 한숨이 다 날 정도네요."

"그렇지? 편지 내용을 하나씩 파헤쳐 보면 그 시름의 깊이가 엄청나다는 걸 알 수 있어. 우선 맨 첫 문장의 파종과 이앙부터 보자.

괴짜 과학자의 지구 멸망 시나리오

너희 파종과 이앙이 뭔지 아니?"

"파종은 씨뿌리기, 이앙은 모내기 아닌가요?"

"맞아, 정음아. 그러니까 이 편지에 따르면 백성들이 식량을 얻기 위해 모내기를 했는데 극심한 가뭄이 들어서 잘될 가능성이 없어 걱정이란 얘기야. 모내기는 모판에 볍씨를 먼저 뿌려 놓고 어느 정도 키운 뒤 때가 되면 논으로 옮겨 심는 건데, 생산량을 극대화시킬 수 있는 농사법이지만 가장 중요한 조건이 필요해. 바로 물이야. 그것도 많은 양의 물. 저수 시설과 수로 시설이 지금처럼 발달하지 못했던 조선시대엔 가뭄이 들면 모내기를 할 수가 없었던 거지."

"물이 덜 필요한 밭농사를 하면 되지 않았을까요?"

"훈민아, 그때 당시의 가뭄은 상상조차 할 수 없을 만큼 극심한 가뭄이었어. 조선왕조 500년 사상 최악의 가뭄이었으니 밭농사 지을 물조차 없었지. 백성들은 울며 겨자 먹기로 산에서 솔방울을 따 먹으며 버텼단다."

"그런데 동주 오빠, 가뭄과 추위가 무슨 상관이 있나요? 그때가 빙기여서 가뭄이 들어 그로 인해 농사를 망쳤다는 건데 추위가 가뭄을 일으킨 이유를 잘 모르겠어요."

"그건 우리나라의 겨울과 여름 기후를 생각해 보면 이해가 될 거야. 겨울철 육지는 온도가 뚝뚝 떨어져 한랭하고 건조한 고기압이 형성되고, 바다는 육지보다 온도가 천천히 떨어져서 온난하고 다습한 저기압이 형성되지. 공기의 흐름은 고기압에서 저기압으로 흐르니까 겨울엔 육지에서 바다로 바람이 불어. 북쪽의 중국과 러시아라는 커다란 대륙에서 불어오는 한랭하고 건조한 바람이 우리나라를 강타하는 거야.

여름은 겨울과 반대지. 육지가 바다보다 온도가 높아서 육지가 저기압, 바다가 고기압이 되어 바다에서 육지로 공기가 이동해. 바다의 공기는 수분을 머금고 있기 때문에 한반도는 무척 습해지고 거기다 북쪽의 한랭전선과 남쪽의 온난전선이 만나 생긴 장마로 비까지 내려 엄청 덥고 습한 날씨가 되지.

이를 토대로 생각해 보자. 빙하기 때는 북반구와 남반구의 빙하가 점점 영역을 넓혀 지금의 겨울보다 훨씬 추운 상황이야. 우리나라는 북반구에 위치해서 북쪽의 매우 차가운 공기가 불어왔어. 바다의 습한 공기 따위는 머무를 틈조차 없었지. 즉, 빙하기를 맞이하면 오랫동안 건조한 고기압이 한반도 상공에 존재하기 때문에 극심한 가뭄을 겪을 수밖에 없는 거야."

동주의 설명에 정음이는 왜 조선시대 사람들이 극심한 가뭄으로 고통을 겪어야 했는지 알 것 같았다. 훈민이는 자신이 관심 있는 역사적 기록과 관련된 이야기를 계속하고 싶은지 동주를 재촉했다.

"그럼 그때 기우제를 많이 지냈겠네요? 조선은 하늘의 뜻을 중요하게 여겼으니까요."

"당연히 현종도 가뭄의 심각성을 몸소 느끼고 있었기에 직접 나서서 기우제를 지냈어. 그것도 여러 번. 하지만 거듭된 기우제에도 비가 오지 않았지. 그러다 기우제를 지내기 시작한 지 75일 만에 비가 조금 내렸어."

"그래도 현종이 빌고 빌어서 비가 내리긴 했으니까 다행이네요. 그러고서 백성들의 고생은 끝이 났겠죠?"

"처음엔 다들 그리 생각했지. '이제 걱정 끝, 행복 시작이다.'라고 말이야. 하지만 불행히도 살살 흩뿌리며 마른 땅을 적시던 빗방울은 이내 양을 더해 가더니 어느새 폭우로 변했어."

"뭐라고요? 아니 그토록 기다렸던 비가 이젠 폭우로?"

"앞서 내가 읽어 준 편지를 떠올려 봐. 그 편지가 쓰인 날짜는 한창 가뭄이 들 때인 5월이었어. 그리고 기우제를 두 달 넘게 지냈으니 시간은 이제 8월로 들어섰을 거야. 그렇다면 이 폭우는?"

맙소사, 태풍이군요!

동주는 아빠다리를 하고 있어 다리가 저리는지 살짝 다리를 펴고 상체를 상 위로 넘어올 듯 수그렸다.

"전국에 먹을 거라곤 눈을 씻고 찾아봐도 없었어. 백성들은 눈에 띄는 짐승은 잡히는 대로 잡아먹었지. 하지만 비어 있던 위장에 기름진 음식이 갑자기 들어오니 결국 배탈이 났어. 백성들은 배가 고파 죽고 배를 채우다가 죽었어. 참혹한 시대였어."

"나라에서는 아무런 구휼 방안도 내놓지 않았나요? 백성이 다 죽어 가는데?"

"물론 나라도 나섰지. 진휼소라는 이름의 무료 급식소에서 곳간에 남은 식량을 탈탈 털어 굶주린 백성에게 미음과 죽을 끓여 나눠 주기 시작했지.

그런데 문제는 몰려드는 사람의 수였어. 기아에 허덕이는 때에 사람들이 무료 급식소로 몰리는 건 뻔한 일이었지. 특히 가뭄과 태풍 피해가 절정이었던 4개월간은 무려 500만 명이 진휼소를 다녀갔다고 해. 당시 조선 인구가 대략 500만 명쯤 된다고 하니 평균적으로 전 국민이 한 번씩은 진휼소를 다녀간 거야.

하지만 지역마다 문을 연 진휼소에 한 끼라도 얻어먹겠다고 힘겹게 찾아가다 기력이 쇠해 가는 길에 지쳐 죽는 백성이 생겨났어. 또 진휼소 밥을 얻어먹겠다고 가느라 농사도 못 지은 사람이 태반이었지. 뿐만 아니라 겨울이 시작되면서 밥을 얻어먹기 위해 줄을 서 기다리다 얼어 죽는 이들까지 생겨났어.

게다가 몰려든 사람에 비해 진휼소의 보급 식량은 터무니없이 부족했지. 자기 차례를 기다리던 백성들은 이러다 내 몫이 없으면 어쩌나 걱정을 했고 결국 폭동을 일으키기도 했어. 대규모 인파가 우왕좌왕하느라 밟혀 죽는 이에 다치고 무너지고… 정말 생지옥이 따로 없었어."

아주 극심한 빙하기가 아닌 소빙기 중 한 시대의 이야기임에도 그 당시의 참혹한 시대상을 샅샅이 알게 되자 그와 비슷한 소빙기가 찾아오면 어떻게 될지, 남매는 걱정으로 얼굴이 굳어져 버렸다.

훈민이는 어쩐지, 방금까지 맛있게 먹었던 음식들이 쉬이 목구멍으로 넘어가지 않는 듯했다. 추위에 얼어 죽는 일이 비일비재했던 시대가 자꾸만 상상이 되어서, 따뜻한 온돌방이 엉덩이를 데워 주고 있음에도 몸이 부르르 떨렸다.

# 기후의 변덕

늦은 저녁 집으로 돌아와 텔레비전을 켜자 내일도 오늘과 같이 한파주의보가 내려질 것이라는 뉴스가 흘러나왔다.

내일도 어디 나가기는 글렀다고 생각한 정음이는 제 방으로 들어가 노트에 오늘 새롭게 알게 된 걸 정리하고 일기를 쓴 뒤 거실로 나왔다. 그때까지 땅바닥과 혼연일체가 되어 있던 훈민이와 그 옆에서 함께 애벌레가 된 삼식을 보자 정음이의 잔소리가 시작되었다.

"둘 다 나갔다 왔으면 손부터 씻고 옷부터 갈아입어요. 오늘은 동주 오빠가 이야기 다 해줬는데 왜 삼촌이 피곤해하는데요."

정음이의 말에 삼식이 졸린 눈을 반짝 뜨고 항변했다.

"동주 녀석이 워낙 빙하기에 대해 잘 알아서 대신 이야기하게 둔 거야. 몰라서 그런 게 아니야."

괴짜 과학자의 지구 멸망 시나리오

"웬일로 멸망론 연구 모임의 대장이 모르는 분야가 다 있대요?"

"정음아, 모르는 게 아니라니까? 그리고 난 빙하기보다도 인류가 지금껏 겪어 본 적이 없는 기후의 변덕을 더 중점적으로 연구했어."

"인류가 지금껏 겪어 본 적이 없는 기후의 변덕이요? 그게 뭔데요?"

"지구 온난화."

지구 온난화에 대해선 뉴스나 수업 시간에 들어 본 바가 있던 남매는 그게 무슨 기후의 변덕이라는 건지 이해할 수 없다는 표정이었다.

"인류가 진화하는 동시에 자연의 불확실성 또한 커졌어. 우리 생활환경이 나아졌다고 좋아했건만 정작 우리가 사는 이 땅에는 예상치 못할 혼란이 찾아오고 만 거야. 인간이 만들어 낸 인위적인 요소가 하나둘 쌓이면서 온난화라는 돌연변이를 낳았거든. 이때까지 추위로 고통받았다면 이젠 더위 차례인 거야."

삼식은 진지한 목소리로 설명을 시작했고 훈민이도 졸음을 내쫓고 삼식에게 바싹 다가가 앉았다. 정음이도 빼쭉 솟았던 눈꼬리를 내리고 삼식의 말에 집중했다.

"이 더위는 기존의 빙기가 끝난 뒤 찾아오던 간빙기와는 차원이 달라. 간빙기가 찾아와 남극과 북극의 얼음이 줄어들어도 일정량 이하로는 줄어들지 않지. 추위와 더위가 균형을 이루고 있으니까. 하지만 인공적인 요소로 발생한 온난화가 그 균형을 무너뜨렸어."

삼식의 말에 정음이와 훈민이가 더욱 집중하자, 그 모습이 흡사 삼식의 지구 멸망론 연구 모임의 멤버라도 된 듯해서 삼식은 내심 뿌듯해하며 말을 이었다.

"우선 훈민아, 네가 아는 지구 온난화에 대해 먼저 이야기해 봐."

"어, 음… 지구 온난화는 이산화탄소에 의해 온실효과가 발생하여 지구의 평균 온도가 계속해서 올라가는 것 아닌가요?"

"오호, 역사에만 관심이 있는 줄 알았더니 어느 정도 알고는 있구나. 하지만 이산화탄소가 지구 온난화의 주범이라는 주장에 대해선 맞다, 틀리다 의견이 분분하기도 해. 이번엔 정음이, 온실효과와 온난화는 같은 의미일까?"

삼식의 물음에 정음이가 고개를 갸웃거리며 생각했다.

"글쎄요… 비슷한 의미인 것 같긴 한데, 뭔가 미묘하게 다른 것 같기도 해요."

"결론부터 이야기하자면, 온실효과와 온난화는 비슷한 의미지만 다른 의도로 사용돼. 먼저 온실효과는 이름에서 알 수 있는 것처럼 화초를 키우는 온실에서 따온 명칭이야. 온실은 바깥 기온이 낮아도 내부는 따뜻하게 유지할 수 있는 공간이지.

그럼 온실은 어떻게 만들었길래 따뜻함을 유지하는 걸까? 온실

괴짜 과학자의 지구 멸망 시나리오

을 처음 만든 사람이 되어서 한번 생각해 보자. 일단은 작물이 비나 눈, 바람이라도 막을 수 있게 천막부터 쳤을 거야. 그런데 천막을 치고 보니 천막 때문에 생긴 그림자로 햇빛을 받을 수가 없었어. 그 래서 생각해 낸 것이 바로 비닐. 천막 대신 햇빛이 투과되는 비닐을 덮었지. 그랬더니 생각지도 못한 효과가 나타났어. 바깥이 아무리 추워도 비닐을 덮어 놓은 공간은 온도가 떨어지지 않은 거야. 그 비 밀은 바로 햇빛에 있었어. 비닐을 통과한 햇빛이 변했거든."

햇빛이 변했다고요?

"태양의 복사에너지가 지구의 표면, 즉 땅에 도달하면 일부는 땅에 흡수되고 나머지는 튕겨 나가. 튕겨 나간 복사에너지는 처음 의 태양 복사에너지보다 세기가 약해질 수밖에 없어. 그래서 비닐 을 뚫고 들어간 태양 복사에너지가 땅을 맞고 튕겨 나갈 때 힘이 약해서 비닐을 다시 뚫지 못하고 그 안에 머무르고 마는 거야. 자연 히 온실의 온도가 올라가게 되는 거지. 거기에 온실 안에 수증기가 꽉 차 있어서 한 번 올라간 온도는 좀처럼 떨어지질 않았어. 열이 들어오기만 하고 나가지 못하는 환경이 만들어진 거야. 이게 바로 온실효과야."

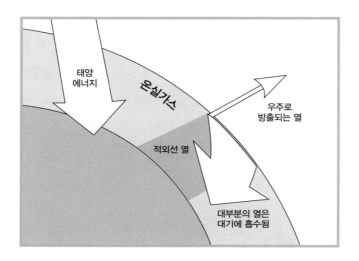

    "지구가 탄생하는 순간부터, 수증기를 다량 포함한 대기층이 지구를 둘러싸고 있었기에 온실효과는 옛날부터 있었던 현상이야. 이 덕분에 인류는 살아갈 수 있었어. 하지만 따뜻함을 유지하던 지구는 산업화가 진행되면서부터 새로운 국면을 맞이하게 됐지.

    인류가 지구를 건드리지 않았던 옛날에는 공기층에 존재하는 기체는 그 성분과 비율이 일정했어. 지구가 그 기체들을 꼭 붙들고 있어서 우주로 흩어져 나가지도 않았지. 그러나 산업화가 빠르게 진행되면서 공장의 굴뚝에서는 새로운 기체가 피어나 대기로 들어갔어. 대표적인 것은 물체가 불에 타 연소될 때 방출되는 이산화탄소라는 녀석들이야."

    "삼촌, 이산화탄소는 원래 지구에 있는 기체 아닌가요? 우리가

    괴짝 과학자의 지구 멸망 시나리오

숨을 내쉴 때도 나오잖아요."

"맞아, 정음아. 수증기처럼 이산화탄소도 원래부터 자연에 있던 기체들 중에 하나야. 하지만 석탄과 석유의 사용이 많아지면서 방출되는 양이 폭발적으로 늘어났던 거지. 그런데 너희 그거 아니? 이산화탄소는 대기 중에 대략 0.1%도 들어 있지 않아."

"네? 아니 고작 0.1%의 이산화탄소 때문에 지구의 온도가 올라간다는 거예요?"

이야기에 집중한 남매가 앞다투어 의문점을 던지자 삼식은 잠시 짝짝짝, 박수를 세 번 쳤다. 멸망론 연구자다운 자세에 감탄이 절로 나왔다.

"그래서 수십 년째 논란이 끊이지 않고 있어. 사실 지구를 따뜻하게 만드는 것은 예나 지금이나 '수증기'야. 햇빛이 올린 온도가 천천히 떨어지는 이유는 수증기 때문이니까. 하지만 매스컴이나 각종 언론에서는 지구 온난화의 주범은 이산화탄소라고 발표하고 있지. 그 주장은 수정돼야만 해. '지구 온난화의 주범은 이산화탄소다, 단 수증기만 뺀다면.' 이렇게 말이야."

"정말 이상하네요. 제가 알기론 지구 온난화를 방지하고자 마련된 '교토의정서'에도 수증기 얘기는 없던 걸로 알아요."

"맞아. 수증기는 쏙 빼놓은 채 이산화탄소, 메탄, 아산화질소, 과불화탄소, 수소화불화탄소, 육불화황만을 온실가스로 규정하고 있지. 더 웃긴 건 뭔지 아냐? 온실가스 배출량 1위와 2위를 차지하고 있는 중국과 미국은 교토의정서에 참여하고 있지도 않아. 뭔가 냄새가 나지? 그보다 왜 자꾸 수증기를 빼는 걸까?"

삼식이 질문하듯 물어본 건 아니었지만, 훈민이와 정음이는 자신들 나름대로 답을 생각해 보기 위해 머리를 굴렸다. 잠시 후 훈민이가 먼저 자신 없는 말투로 이야기했다.

"수증기 때문이라고 발표하면 계속 석탄이나 석유 같은 화석에너지를 쓸까 봐 그런 거 아니에요?"

"딩동댕! 수증기가 온난화의 주범이라고 발표하면 인간이 온난화를 방지하기 위해 할 수 있는 건 아무것도 없다는 뜻이 되는 거니까. 물론 수증기를 제외한 다른 온실가스를 줄이면 될 테지만 말이야.

어쨌든 여러 이유로 인해 수증기 대신 온난화의 주범이라는 누명을 쓴 이산화탄소지만 그 역시 지구의 온도를 올리는 데에는 분명 영향을 미치고 있어. 현재 대기 중에 존재하는 이산화탄소의 농도는 400ppm을 넘어섰다고 해. 내가 우리나라의 대기 중 이산화탄소 농도를 기록한 그래프를 스크랩해 뒀는데… 잠시만."

삼식은 잠시 자신의 방에 들어갔다가 검은 스크랩북을 하나 들고 나왔다. 스크랩북 겉에는 'Extinction_14 global warming'이라고 적혀 있었다.

"아, 여기. 기상청에서 발표한 한반도 대기 중 이산화탄소 농도 변화 그래프야."

괴짜 과학자의 지구 멸망 시나리오

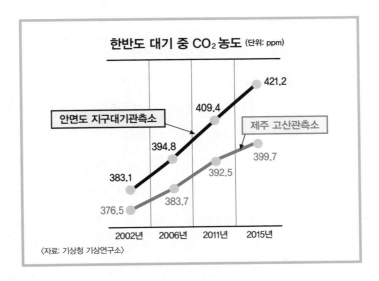

**한반도 대기 중 CO₂ 농도** (단위: ppm)

안면도 지구대기관측소

제주 고산관측소

421.2

409.4

394.8

399.7

383.1

392.5

376.5

383.7

2002년　2006년　2011년　2015년

〈자료: 기상청 기상연구소〉

"십여 년 사이에 급격히 늘어났네요."

"맞아. 우리나라뿐만이 아니야. 인류가 태어난 이후 지금까지 대기 중 이산화탄소 농도는 최고가 300ppm밖에 되지 않았어. 지금이 역사상 가장 높은 농도라고 할 수 있지. 그래서일까? 최근 수천 년간의 기록을 살펴보면 지구의 온도가 무려 6℃나 증가했다고 해."

"6℃요? 고작 그것밖에 안 올랐어요? 그건 여름과 겨울의 온도 차이만도 못하잖아요."

"훈민아, 6℃는 결코 '고작'이 아니야. 이 정도의 증가만으로도 해수면의 높이가 120m나 올라갔거든."

삼식의 보충 설명을 듣자 훈민이는 심각한 얼굴을 보였다. 정음이도 진지한 얼굴을 하고 물었다.

"삼촌, 이산화탄소는 두 개의 산소 사이에 탄소 한 개가 끼어 있는 단순한 구조를 가지고 있죠? 수업 시간에 선생님이 분자 구조를 그리셨을 때 배열이 나란해서 깔끔하기까지 했어요. 그런 이산화탄소가 어떻게 지구 온난화를 일으키는 걸까요?"

"우선 머릿속으로 이산화탄소 분자 하나를 떠올려 봐. 그리고 그 분자가 움직이고 있다고 생각해 봐. 어떠한 움직임들이 가능할까? 왼쪽에서 오른쪽, 위에서 아래, 앞에서 뒤. 크게 세 방향으로의 이동이 가능하겠지? 또 시계 방향, 반시계 방향 등 회전도 가능할 거야. 그리고 진동도 할 수 있어. 스프링처럼 분자들이 양옆으로 늘거나 줄어들기도 하고 지렁이처럼 위아래로 진동하면서 꿈틀거리기도 해. 그림으로 그려 보면 이렇지."

삼식은 메모지를 뜯어 재빨리 그림을 그렸다.

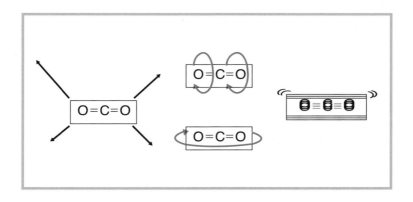

괴짜 과학자의 지구 멸망 시나리오

"이와 같은 움직임들의 전체 수를 간단한 수식으로 나타내면 다음과 같아."

$$전체\ 움직임의\ 개수 = 3 \times m$$
$$(m: 원자의\ 전체\ 개수)$$

"이 중에서 열에너지와 관계된 진동 운동의 종류를 과학자들이 계산했어."

$$진동\ 운동의\ 개수 = 3 \times m - 5\ (일자형\ 분자)$$
$$= 3 \times m - 6\ (이외의\ 분자)$$

"이 식에 쭉 뻗은 일자 형태로 이루어진 이산화탄소의 경우를 대입하면 3×3-5=4 즉, 이산화탄소는 네 개의 진동 운동을 보이는 걸 알 수 있어.

이 계산식에 메탄을 대입해 보자. 메탄은 탄소 하나에 수소 4개가 붙어 있는 구조로 일자형이 아닌 분자야. 그래서 일자형 분자가 아닌 이외의 분자형 계산식에 대입하면 돼. 계산을 하면 3×5-6=9 즉, 나올 수 있는 진동 운동은 9개지.

내가 진동 운동의 개수를 알려 주는 이유는 열에너지를 이해할 때 가장 중요한 것이 바로 진동 운동이기 때문이야. 진동 운동은 다른 운동들에 비해 옆 물체와 만나는 횟수가 훨씬 많고 빨라. 그로 인해 생기는 마찰열은 상상을 초월하지. 한마디로, 진동 운동이 있다는 건 열을 만들어 낼 가능성이 높다는 뜻인 거야.

따라서 진동 운동 개수가 9인 메탄이 진동 운동 개수 4인 이산화탄소보다 월등히 많은 열을 만들어 내고 열도 더 많이 머금을 수 있지. 만약 대기 중에 같은 양의 이산화탄소와 메탄가스가 있었다면 분명히 메탄이 온난화의 주범 자리에 앉아 있었을 거야."

삼식은 스크랩북 안에 모아 둔 여러 기후 관련 자료들을 조카들이 알아 두면 좋을 듯해서 남매에게 스크랩북을 건넸다. 정음이와 훈민이는 여러 자료와 기사를 꼼꼼히 살피며 온난화의 위험성을 실감했다.

그러다 정음이는 한 기사에 눈길이 멈췄다. 얼마 전 OECD가 발표한 우리나라 '환경성과 평가 보고서'에 대한 기사였다. 기사는 우리나라는 20여 년 전보다 온실가스 (수증기 제외) 배출이 2.38배나 증가했으며 이런 상황이 개선되지 않는다면 2060년에는 100만 명당 1,109명꼴로 사망자가 발생할 것이라는 내용이었다. 정음이는 이 보고서의 예상이 맞는다면 우리에게 대재앙이 다가올 수도 있다는 생각에 불안감에 휩싸였다.

괴짜 과학자의 지구 멸망 시나리오

삼촌, 이대로 지구 온난화가 지속된다면
어떤 일이 벌어질까요?

"가장 먼저 북극과 남극의 빙하들이 녹겠지. 얼음이 녹는 건 단순히 해수면의 높이를 상승시키는 데서 끝나는 문제가 아니야. 얼음은 태양빛을 반사하거든. 그런데 얼음이 없어지면 그동안 튕겨 나갔던 태양빛이 그 자리에 머물게 되지. 그러면 지구가 흡수하는 태양열의 양은 점점 늘어날 것이고 바다의 온도도 쉽게 상승하게 되겠지. 해수의 온도가 올라가면 얼음은 더 빨리 녹아. 그래서 지표의 얼음도 녹아 나가는데, 이때 땅이 머금고 있던 이산화탄소의 방출이 일어나게 돼. 뿐만 아니라 바닷속에 잠들어 있던 메탄가스의 변형물인 가스 하이드레이트도 기체로 변해 공기 속으로 빠르게 뿜어져 나올 거야. 대기 중 메탄가스의 양이 늘어나는 거지."

"하이드로… 레트로이드 가스요?"

"가스 하이드레이트. 단어가 어렵지? 이 물질은 천연가스가 저온, 고압 상태에서 물과 결합해 만들어진 고체 에너지원이야. 이때 가스는 메탄가스가 대부분이기에 '메탄 하이드레이트'라고 부르기도 해.

미국 지질조사소에 따르면 이 가스 하이드레이트 때문에 50년 후에 대기 중의 메탄가스양이 현재의 2배가 될 거라고 해."

"그럼 온난화가 또 다른 형태의 온난화를 부르고, 온난화를 가속화하겠네요. 이 최악의 온난화 사이클은 중간 고리가 끊어지지 않는 이상 계속 돌아갈 것 같아요."

순간 정음이의 얼굴에 심각한 그림자가 드리워졌다. 이미 진행되고 있는 멸망의 전조를 막기는커녕 더욱 가속화할 일들만 즐비한 상황에 마음이 무거워졌다. 삼식은 그런 정음이를 다독이며 자신이 알고 있는 해결책과 긍정적인 미래를 알려 주었다.

"그나마 다행인 건 사람들 사이에서 지구 온난화의 심각성에 대한 자각이 빠르게 전파되고 있다는 거야. 여러 나라와 각종 단체에서 심각한 현실을 알리고 이에 대응하기 위한 다양한 방법을 고민하고 있어. 동동이 녀석은 멸망이란 인간의 힘으로 막을 수 없는 것이라고 했지만 삼촌은 그렇게 생각하지 않아. 멸망의 시계가 돌았더라도 그 시곗바늘을 뒤로 되돌릴 수 있는 능력이 우리 인간에게 충분히 있다고 보거든."

삼식의 이야기에 어느 정도 희망의 빛을 본 정음이가 빙그레 웃었다. 그리고 훈민이를 바라보며 앞으로 일상에서 온실가스를 줄이는 방법을 고민하고 실천하자며 뜻을 모았다.

시나리오 5

# 함정, 바다와 육지

# 울퉁불퉁한
# 해안선의 비밀

　훈민이와 정음이가 삼식과 함께 산 지도 어느새 1년하고도 반
이 지났다. 다시 돌아온 뜨거운 여름. 더위에 지쳐 있던 공씨 삼인
조는 남매가 여름방학을 맞은 기념으로 남해의 해수욕장으로 여행
을 떠났다.

　남해의 푸른 바다 빛깔을 보자마자 남매는 뜨거운 햇빛도 아랑
곳하지 않고 바다를 만끽했다. 물놀이에 심취해 있던 남매는 체력
이 떨어졌는지 한참만에야 삼식의 곁으로 돌아왔다. 파라솔이 만든
작은 그늘에는 간간이 바람이 스쳐 지나갔다.

　"바다에 오니까 정말 좋아요. 삼촌은 바다에 안 들어가요? 얕은
데 들어가면 괜찮잖아요."

　"아니다, 훈민아. 난 그냥 저 멀리 수평선과 그 사이사이 솟아
있는 섬들을 보는 것만으로도 오케이야."

"진짜 아름답네요. 동해나 서해도 매력 있지만 남해는 남해만의 매력이 또 있는 것 같아요."

"난 특히 남해의 구불구불한 해안선이 매력적인 것 같아. 그곳에 존재하는 크고 작은 섬들도 신비롭고."

훈민아, 우리나라는 왜 섬이
많고 해안선도 울퉁불퉁한지 아냐?

감상에 젖은 훈민이에게 삼식이 장난스럽게 물었다. 이유를 알 것 같긴 한데 일목요연하게 설명하려니 머릿속이 복잡했다. 그런 훈민이의 의중을 알아채고 삼식이 말했다.

"이왕 남해에 온 김에 설명해 줄게. 훈민아, 넌 왜 얼굴이 그렇게 생겼냐고 누가 물어보면 뭐라고 답할래?"

"갑자기 왜 생긴 걸…. 음, 어쨌든 누가 그렇게 물어보면 아마 '엄마가 이렇게 낳아 주셨는데?'라고 하겠죠."

"우리나라도 마찬가지야. 지구가 힘을 한 번 주자 한반도가 태어난 거지. 그럼 한반도라는 이름을 분석해 보자. 이름의 이유를 알아야 이 땅에 대해 이해하기가 더 쉬울 테니. 평평한 해안선에서 바다 쪽으로 튀어나온 곳을 '반도'라고 불러. '절반 반半' 자에 '섬 도島', 섬은 섬인데 절반만 섬이라는 뜻이지. 여기에 우리 민족의 옛 이름인 '한韓'을 붙여 '한반도'라는 이름이 되었어.

일반적으로 반도가 생기는 원인은 크게 두 가지야. 해수면 상승에 따라 지형이 낮은 지대는 물에 잠기고 높은 지대만 남게 되어 생기는 경우와 지진에 따른 육지의 분할로 탄생하는 경우지. 이 두 가지 원인 중에서도 우리 땅은 첫 번째 경우를 따르고 있어."

"아, 해수면이 상승했다는 건 빙기가 끝나고 간빙기가 찾아와서 얼음이 녹아내렸다는 뜻이죠?"

"오, 훈민이. 올 초에 이야기했던 내용을 기억하고 있구나. 뿌듯하군. 수만 년 전인 구석기 시대만 해도 우리나라와 일본은 연결되어 있었고 러시아 연해주 근처의 바다는 호수였어. 그러나 간빙기가 찾아오자 얼음이 녹아 해수면이 상승했고 낮은 지대는 바닷물에 잠기고 상대적으로 높은 지대는 그대로 남았지. 한반도 역시 중국과 연결된 북쪽을 제외하고 삼면이 바닷물에 잠기며 만들어졌어. 그리고 너희 우리나라 땅의 또 다른 특징을 알아?"

땅이 양옆, 위아래로 울퉁불퉁한 것 아니에요?
오랜 세월 융기를 반복하고 많은 비와 바람을 만나 깎이고 쌓이며 북쪽이 높고 남쪽이 낮은, 또 서쪽이 낮고 동쪽이 높은 형세를 보이고 있잖아요.

그렇지! 한반도는 한마디로 정리하면 빽빽하게 붙은 낮은 산들이 동쪽에 치우쳐 북에서 남으로 내려오는 형태야.

괴짜 과학자의 지구 멸망 시나리오

삼식은 손가락으로 모래사장에 간략히 한반도 지형을 그리고 모래를 조물조물 뭉쳐 한반도 지형을 만들며 말을 이었다.

"남해 다도해 근처에는 소백산맥과 노령산맥이 있어. 그 산맥들이 어디에서 어디까지 연결되어 있는지는 정확히 말하기가 어려워. 자연은 맺고 끝맺음이 확실하지 않거든. 보이는 빙하보다 바닷속에 더 큰 빙하가 있는 것처럼, 저 먼 바닷속에도 우리가 보지 못하는 산맥이 숨어 있지.

소백산맥과 노령산맥에서 뻗어 나간 줄기들은 세월이 흐르고 물이 차올라 얕은 곳은 잠겨 버리고 지금의 길이만 남게 되었어. 상대적으로 높은 산꼭대기들만 물 위로 솟아 섬으로서 제2의 삶을 살게 되었지. 이게 남해안 '다도해 해상국립공원'의 발생 원인이야.

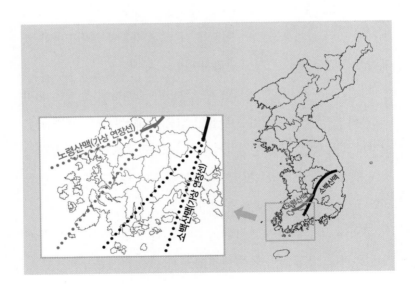

이곳에 얽힌 재밌는 역사 이야기 하나 해줄까. 백제가 멸망하고 3년이라는 세월이 더 흐른 뒤, 곳곳에서 들불처럼 일어난 부흥 운동으로 아직 백제의 온기가 완전히 사라지진 않았던 때였어. 백제 부흥 세력은 왜와 연합을 했고 신라는 당나라와 연합해 마지막 대결을 준비하고 있었어. 그 전투가 지금의 금강 지역에서 일어났지. 그러나 결과는 아쉽게도 백제의 참패로 부흥 세력은 사라지고 말았어.

패배의 가장 큰 원인은 손을 잡았던 왜의 27,000명 대군이 힘을 쓰지 못한 데 있었어. 우선, 당나라 대군이 미리 정박한 상태에서 왜의 대형 선박 1,000척이 해안선이 복잡한 서남해안을 줄지어 들어오기는 무리였지. 또한 당나라군이 지형을 이용해 은폐를 끝내 놓은 상황! 집중 공격은 절대 피할 수 없었지. 그렇다면 당나라군이 백제에 미리 들어오는 것은 어떻게 가능했을까? 아무리 멸망한 백제라고 하지만 부흥 세력도 만만치 않았을 텐데.

비결은 두 가지였어. 첫 번째는 당나라 소정방의 철저한 준비성. 제아무리 복잡한 해안선에 숨어 있는 백제군이라도 모든 곳을 장악하진 못했어. 그래서 정박에 앞서 미리 철저한 조사를 해 어느 곳에 백제군이 숨어 있는지 또 어느 곳이 비어 있는지를 조사해 안전한 곳을 찾아 미리 정박해 두었지.

그런데 그 준비성이 철저한 소정방도 미처 생각하지 못한 문제가 있었단다. 바로 발이 푹푹 빠지는 펄과 넓은 모래밭이 가득한 서

괴짜 과학자의 지구 멸망 시나리오

해안의 특성이었어. 비록 정박할 만한 곳은 찾았지만 배에서 내리는 데 허둥지둥할 수밖에 없었어.

고민에 빠진 그때! 두 번째 비결을 들고 나타난 이가 있었으니, 그 이름 찬란한 신라 김유신 진영의 양도라는 장수야. 그는 버들가지로 만든 돗자리를 번개처럼 펄에 깔아서 그걸 밟고 건너는 비결을 생각해 냈어. 같은 무게로 누를 때, 손가락으로 누르는 것과 손바닥으로 누르는 것 중 손가락으로 누르는 것이 압력이 더 크다는 건 알고 있지. 이 역할을 버들 돗자리가 해낸 거야. 이 덕분에 당나라군은 미리 정박을 완료했고 전쟁에서도 승리할 수 있었어. 우리나라 서해안의 복잡한 해안선, 질퍽한 펄의 특징이 전쟁의 결과에 아주 큰 영향을 미쳤던 거지."

훈민이와 정음이는 조악하나마 우리나라 지형을 보여 주는 삼식의 모래 그림을 보며, 고개를 끄덕였다.

# 빠져나올 수 없는 감옥

조금씩 해가 지자 바다에서 불어오는 바람을 타고 바닷물 냄새가 강하게 느껴졌다. 세 사람은 바다가 훤히 보이는 횟집으로 들어갔다. 신발을 벗고 들어가 앉는 상차림식 가게라 아빠다리를 하고 삼식은 메뉴판을 둘러보았다. 조금 비싸다 할 법한 가격에 잠시 주춤하긴 했으나 휴가철이니 이해하자 생각하곤 남매가 배불리 먹을 수 있을 만큼 주문을 넣었다.

그 사이 다소 졸음이 묻어나는 눈으로 훈민이는 먼 바다를 바라보고 있었다. 입까지 헤 벌리고 고개를 돌리지 않는 통에 정음이가 장난스레 훈민이의 볼을 쿡 찔렀다.

 뭘 그렇게 봐?

정음아, 봐봐. 정말 아름답지 않아?
수평선에 해가 점점 닿으면서 세상이 붉어지고 있어.

 그러네. 가시광선 중에서 산란이 많은 파란빛으로
가득했던 하늘이 이제 빨간빛으로 뒤덮였어. 해가 저무는
저녁엔 태양빛이 통과하는 대기층의 두께가 달라지기
때문이지.

정음이의 말에 훈민이의 표정이 순식간에 어리둥절해졌다. 애
먼 뒤통수를 슥슥 긁으며 훈민이가 정음이에게 물었다.

 무슨 주문 외우냐. 뭔 가시광선이 산란을 해?
알을 낳는다고?

 낮엔 파란 하늘이 저녁엔 붉게 물드는 원리를 말한 거야.
그리고 알을 낳는다는 산란이 아니라 여기저기 퍼지는
산란을 말한 거고!

 삼촌, 정음이 얘기가 맞아요?

설명을 해줘도 의심스러운지 훈민이는 낼름 삼식에게 되물었
다. 정음이는 훈민이가 자신을 의심했던 사실에 기분이 나빴는지
삼식이 뭐라 하기 전에 말을 가로챘다.

"영국의 물리학자 레일리가 직진으로 향하던 빛이 유체를 통과할 때, 울퉁불퉁한 분자를 만나 여기저기로 퍼지는 현상을 발견했는데 그걸 빛의 산란이라고 해. 우리 눈에 보이는 빛인 가시광선 중에서는 파란 계열의 빛이 산란되는 양이 가장 많고 제일 적은 건 빨간빛이야.

이 그림을 봐. 낮에는 해가 가장 높이 뜨면서 대기층에서 태양빛이 만나는 공기 분자들이 상대적으로 적어져. 하지만 저녁엔 햇빛이 통과할 대기층이 두꺼워지면서 만나는 공기 분자들도 늘어나지. 태양빛이 대기층을 통과하는 초반의 상황은 낮과 같이 파란빛이 빨간빛보다 더욱 많이 산란되어 하늘이 온통 푸르스름해 보여. 그런데 점점 거리가 길어지면 파란빛은 이미 산란에 의해 거의 다

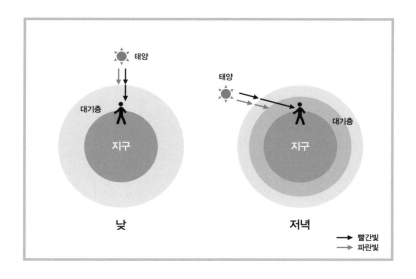

괴짜 과학자의 지구 멸망 시나리오

소진되어 버리고 정작 우리에게까지 도달하지 못해. 그래서 남아 있는 빛깔인 빨간 계열의 빛깔들이 우리 눈에 들어오는 거야. 이게 바로 네가 아름답다 마지않던 노을빛 하늘의 비밀이라고!"

정음이의 똑 떨어지는 설명에 결국 훈민이는 패배를 인정할 수밖에 없었다. 하지만 그걸 굳이 티내긴 싫어 괜히 다른 소리를 이었다.

"흠흠, 뭐 노을빛도 아름답지만 역시 찰랑이는 바닷물과 바다가 심심하지 않도록 뽈록뽈록 튀어나와 있는 섬들이 바다의 묘미지! 난 기회가 된다면 온통 바다로 둘러싸인 섬에 살고 싶어. 매일 바다를 보고 살면 얼마나 좋아?"

두 손을 꼬옥 모으며 훈민이는 섬에서 사는 삶을 머릿속에 그렸다. 푸른 바다와 갈매기 소리, 뱃고동 소리가 들리는 듯 훈민이는 금세 미소를 지었다.

그런 훈민이를 이번엔 삼식이 놀려 주고 싶어졌다. 삼식은 차례차례 나오는 음식이 전부 상 위에 오를 때까지 기다렸다가 물었다.

 훈민아, 너 다산 정약용이 18년 동안 유배 생활을 한 곳이 어디인 줄 아냐?

뜬금없는 질문에 훈민이는 회 한 점을 집어 들다 말고 삼식을 바라보았다.

당연히 알죠. 1801년 그러니까 순조 1년에 경상도 장기로
유배되었죠. 아, 장기가 바로 지금의 포항이라고 해요.
그러다 서울로 불려가 문초를 받고 같은 해 전라도 강진으로
유배되었죠. 정약용은 그곳에서 『목민심서』, 『경세유표』 등
500여 권의 저서를 썼고요.

 역시 역사와 관련된 퀴즈엔 강하군. 그럼 다음 질문.
정약용의 형 정약전이 유배 간 곳은 어디일까?

 정약전이요? 어… 정약용 위인전에서 본 적 있는데….
아! 흑산도요! 두 형제가 동시에 유배의 길에 올랐다가
강진에서 기약도 없이 헤어지게 되었죠. 정약용은 흑산도로
떠나가는 형과 눈물로 이별하고 유배 기간 동안 형을 그토록
그리워했다고 했어요. 흑산도에서 정약전은 해양 생물에 대해
오랜 조사와 연구를 해서 『자산어보』라는 해양 생물 관련
저서를 집필하기도 했어요.

　"정말, 역사는 널 못 당하겠구나. 좋아. 그럼 마지막 질문이다.
정약전은 '왜' 다른 곳도 아니고 흑산도로 유배를 가게 되었을까?"
　"흠… 글쎄요."
　훈민이가 고민에 빠진 얼굴을 했다. 삼식은 훈민이의 앞 접시에
회를 옮겨 주며 말했다.

"먹으면서 들어 봐. 원래 다도해를 포함한 전라남도 지역은 예부터 유배지로 유명했어. 유배지의 목적은 죄인을 가둬 두는 거야. 당연히 죄인이 도망가지 못하도록 감시도 잘 해야 하지. 죄인이 운 좋게 도망간다 해도 금방 잡을 수 있어야 해. 이 조건을 충족하는 게 바로 '섬'이야. 사방이 바다인 데다 배가 오지 않으면 쉽게 나가지도, 누가 오지도 못하니까."

"잠깐만요, 삼촌. 한 가지 의문인 게, 아무리 사방이 바다라고 해도 배가 오기만 하면 나갈 수 있는 거잖아요? 그때도 배가 있었을 텐데요?"

"그렇지. 정음이 네 말대로 고작 바다고 삐죽삐죽한 철조망도 없고, 높다란 담벼락도 없으니까. 하지만 남해의 섬들은 웬만해선 쉽게 탈출할 수 없는 함정 같은 곳이었어. 사람을 잡아먹는 '빠른 물살'이 있었거든."

사람을 잡아먹는다는 다소 무서운 표현에 순간 남매의 표정이 굳어졌다. 그러나 이내 무서움보다도 호기심이 더 동했는지 훈민이가 입속에 있던 회를 오물오물 씹어 넘기고 말했다.

"삼촌, 섬이 많으면 물의 흐름에 방해가 되어서 오히려 물살이 느려야 하지 않아요?"

"전체적으로, 평균적으로 봤을 때는 물살이 약해진다고 볼 수 있지. 하지만 평균이라는 개념은 일종의 왜곡을 가져와.

다도해 지역도 평균적으론 물살이 느리지만 유독 빠른 곳이 존재해. 어디냐면 섬과 섬 사이의 물길이 좁아지는 통로야. 실제로 진도와 해남 사이의 지역을 '울돌목'이라고 부르는데 이 이름은 울음소리가 난다고 해서 붙여진 거야. 그리고 진도에 사는 어르신들은 그곳을 울두목이라 불러. '울두'가 '울대'의 사투리거든. 목구멍 말이야. 그러니까 울돌목과 뜻은 상통해. 어쨌든 물살이 세기 때문에 붙여진 이름인 건 확실하지. 물살 소리가 어찌나 큰지 8km 밖에서도 들릴 정도라고 해. 8km면 걸어서 2시간, 차로 (시속 60km) 8분은 족히 걸리는 먼 거리야."

"세상에, 물살이 얼마나 세길래…?"

"정확한 수치로 표현하자면 최대 속도는 대략 24km/h에 육박한다고 해. 웬만큼 강력한 태풍의 세기와 맞먹는 속도라고 할 수 있지. 최근에는 이곳의 센 물살을 이용해 발전소를 만들려는 계획까지 세우고 있대. 이런 무서운 곳에 배가 자주 뜰 수 있을까?"

"삼촌, 물길이 좁아지는 통로에서는 왜 물살이 빠른지 그걸 설명해 주세요."

정음이가 삼식에게 물었다. 그러면서 펜을 야무지게 꺼내 들었다. 자신이 가장 흥미로워하는, 어떤 현상에 대한 과학적 설명이 나올 차례였던지라 정음이는 식사 중이긴 하지만 기록해 둬야겠다 싶었다.

"음, 우선 물살 이야기를 하기 전에 바람에 대해 얘기해 보마. 우리 작년 겨울에 등산 갔던 거 기억하지? 그때 금강대협곡에 내렸

괴짜 과학자의 지구 멸망 시나리오

을 때를 떠올려 봐. 바람이 어땠어?"

"금강대협곡에서 바람은… 매우 세게 불었어요. 물론 천지에 오를 때도 바람이 세긴 했는데 협곡 쪽은 유난히 강하게 불었던 것 같아요."

"맞아. 그리고 그건 절대 착각이 아니야. 실제로 협곡에선 바람이 훨씬 세게 불어. 산과 산 사이로 바람이 정면으로 분다고 치면 산을 정통으로 들이받은 바람은 이내 갈라져 산과 산 사이로 돌아나가. 산과 산 사이, 즉 골짜기로 이동한 바람은 갈라진 상태이기에 이전보다 비록 양은 적어졌으나 세기는 더욱 강해지지.

과학계에서는 이론 물리학자였던 스위스의 베르누이가 이를 처음 밝혀냈다고 해서 '베르누이 정리'라고 이름을 붙였어. 넓은 공간에서 부는 바람이 좁은 공간을 지나갈 때 바람의 속도가 급격하게 증가한다는 원리지. 베르누이는 통과하는 통로가 좁으면 좁을수록

이런 현상이 극대화된다는 사실을 밝혀냈던 거야. 이 원리를 우리 주변에서도 찾을 수 있어. 얘들아, 산골짜기와 같은 풍경을 우리 주변에서 찾는다면 어떤 게 있을까?"

"우리 주변이라면 도심의 높은 건물들?"

"맞아. 너희 높은 건물들 사이를 지날 때 유독 바람이 시원하고 세다고 느낀 적 없어?"

"아, 있어요! 얼마 전에 바람 한 점 없이 더웠을 때요. 학원 갔다 오는 길에 날이 너무 더워서 막 짜증이 났거든요. 그런데 빌딩 사이를 지나는데 갑자기 시원한 바람이 불어서 아주 잠깐 행복했어요."

"그게 바로 베르누이 정리 현상이야. 그런데 이 빠른 속도의 바람이 만들어 낸 또 다른 효과가 있어. 바로 압력의 변화야. 베르누이의 말에 따르면 좁은 통로를 지나는 공기의 흐름은 빨라지고, 그렇게 공기가 빨리 지나감에 따라 그곳의 기체 분자들의 숫자는 급격히 줄어들어. 분자의 개수가 줄어들었다는 건 빈자리가 늘었다는 의미고 압력이 줄었다는 뜻이야.

버스 타고 남해로 올 때 옆 차선에서 달리던 경차 운전자가 우리가 탄 버스 기사한테 화를 낸 적이 있었지? 그때 그 경차 운전자는 왜 화를 냈을까. 그 이유 역시 베르누이 정리 현상과 관련이 있어. 버스가 경차 옆으로 다가옴과 동시에 둘 사이에는 좁은 통로가 만들어졌어. 베르누이 정리대로 이 통로를 지나는 공기의 흐름은 빨라졌지. 그래서 생긴 빈자리를 메우기 위해 무거운 버스 대신 경

괴짜 과학자의 지구 멸망 시나리오

차가 버스 쪽으로 흔들린 거야."

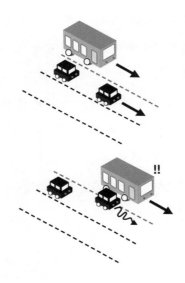

"아~ 그랬구나."

"좁은 곳을 지나갈 때 속도가 빨라지고 이에 따라 압력이 감소한다. 이것이 바로 베르누이 정리의 핵심이지. 비행기가 자유로이 하늘을 날 수 있는 것도 베르누이 정리 덕분이었어. 비행기 날개의 윗면과 아랫면의 형태가 다르기 때문에 빠른 공기의 흐름이 위아래의 압력 차를 만들어 냈고 이 덕에 무거운 금속 덩어리가 하늘로 치솟을 수 있는 거거든. 이외에도 태극기를 펄럭일 수 있는 것도, 야구에서 멋진 커브볼을 던질 수 있는 것도 모두 이 원리 덕분이란 말씀."

"그럼 섬 사이를 지나는 물살이 빨라지는 것도 베르누이 정리 원리와 같겠네요?"

"Correct. 이런데도 훈민이 너 섬에서 살고 싶냐? 섬 밖으로 나가기도 힘들고 거센 물살이 치는데? 네 수영 실력으로는 헤엄치는 것도 불가능할 테고?"

삼식이 놀리듯 말하자 훈민이는 기가 팍 죽었다. 그걸 보고 정음이가 상 아래로 발을 뻗어 삼식의 무릎을 콕 찔렀다.

"조카의 꿈을 짓밟는 못된 삼촌!"

그때, 세 사람이 앉은 상으로 누군가 다가왔다.

누가 우리 아들 꿈을 짓밟았는데?

짧은 커트 머리에 편한 캐주얼 차림을 한 훈민, 정음이의 엄마 공미영이었다.

괴짜 과학자의 지구 멸망 시나리오

# 육지를 찾는 방법

미영은 남매의 여행에 맞추어 자신도 휴가를 내고 한국에 들어왔다. 그것도 남매를 깜짝 놀래키려고 삼식과 짜고 비밀로 한 것이었다. 덕분에 나른했던 세 사람의 저녁 식사는 반가움의 식탁으로 변했다. 추가 주문한 매운탕을 먹으며 그간 있었던 일들을 공유한 뒤, 네 사람은 대부분의 가시광선이 사라져 버려 깜깜해진 밤바다의 해변으로 나갔다.

"엄마, 다음엔 또 언제 오세요?"

"아마 가을쯤에 다시 올 수 있을 거야. 그때는 우리 넷이 어디로 갈까? 배 타고 섬에라도 며칠 가 있을까?"

'섬'이라는 소리에 훈민이가 이맛살을 찌푸렸다. 그걸 보고 미영이 의아해하자 훈민이는 오늘 삼식이 알려 준 베르누이 정리를 조곤조곤 말했다. 그 이야기에 미영이 빵 터졌고 정음이와 삼식도 마주 보며 큭큭 댔다.

"네가 싫다면 뭐, 하는 수 없지. 그럼 강에서 유람선이나 타자. 가을이니까 날씨도 좋고 단풍도 들어서 산 사이를 흐르는 강에 가면 좋을 거야."

"네! 좋아요. 사실 배를 꼭 타보고 싶긴 했어요. 물 위를 유유히 떠가는 배 위에서 바람을 맞으면 정말 좋을 것 같아요. 전 아직 한강 유람선도 못 타봤거든요."

"어머, 그랬나? 그래. 다음 여행 땐 배를 타자. 배가 만들어진 지도 수만 년이 지났는데 아직도 안 타봤다니, 섭섭한 일이지."

미영의 말에 남매가 놀라 되물었다.

네? 배가 만들어진 지 수만 년이나 되었어요?

엔진이 달린 자동차가 200~300년 정도 되었고,
레오나르도 다빈치가 만든 장난감 자동차도 500~600년밖에
안 됐는데. 배가 수만 년이나 됐다고요?

우리 아들딸, 배에 대해 잘 모르는구나?
배의 역사는 우리 인류의 역사와 함께하고 있다고 봐도
무방해. 저기 해변에 앉아서 이야기해 볼까?

미영은 이야기가 꽤 길어질 것 같다는 느낌에 남매를 데리고 고운 모래가 펼쳐진 모래사장으로 나아가 바다를 향한 채 쪼로록 앉았다.

"인류는 처음엔 이곳저곳을 누비며 각종 열매를 따 먹고 토끼, 사슴, 멧돼지 등 짐승들을 사냥하며 살아가고 있었어. 당시 도구라 하면 주변에 널린 돌과 나무들이 전부였기에 음식을 구하러 밖을 나설 때 항상 빈손과 빈 몸이었지. 그렇게 한참을 돌아다니니 어느새 열매가 한 가득이었고 잡은 짐승은 너무 무거워 들 수조차 없었어. 그들은 고민했어. 이걸 집에까지 어떻게 가지고 가지? 들고 가자니 너무 무거운데. 그럼 물에 둥둥 띄워 가져가 볼까?"

오랜만에 듣는 엄마의 음성에 남매는 바닷바람에 헝클어진 머리카락도 아랑곳하지 않고 집중했다.

"이 많은 열매를 한꺼번에 물에 띄워 이동할 수 있는 방법. 인간들은 그걸 찾았어. 그렇게 배가 탄생한 거야. 많은 양의 물건을 한꺼번에 쉽게 옮기는 데 배만 한 이동수단이 없으니까. 물살만 잘 타면 걷고 뛰는 것보다 빠르기도 했어."

"아~ 그게 배의 시초군요? 엄마, 그럼 배가 오래되었다는 과학적이고 구체적인 증거가 있나요?"

"있지. 특히나 우리나라는 역사가 오래된 땅이야. 그 옛날 배를 사용한 흔적을 찾을 수 있어."

"그 흔적에 대해선 삼촌이 알려 줄게. 너희 '패총'이라는 말 들

어 본 적 있지? 조개 패貝 자에 무덤 총塚, 한마디로 조개 무덤이라
는 뜻이야. 이 패총은 한반도 남쪽의 부산에도 있고, 북쪽 평안남도
에도 있단다."

"엄마도 삼촌 말에 동의해. 참고로 부산에 있는 건 동삼동 패총
이고, 북 평안남도 지역에 있는 건 용반리 패총이야."

삼식은 무엇보다 백령도와 제주도에서 발견된 신석기 시대 '패
총', 이른바 조개껍데기 무덤 유적은 반박할 수 없는 증거라고 말
했다.

"고대 암각화도 항해술을 증명해 주고 있어. 예를 들면 울주 반
구대 암각화에는 수많은 종류의 고래뿐만 아니라 배를 타고 고래
를 사냥하는 당시 사람들의 모습이 많이 그려져 있어. 이 또한 고래
사냥이 그려진 세계에서 가장 오래된 그림이기도 해.

15년 전, 강력 태풍 매미가 우리나라를 강타하고 지나갔을 때
경남 창녕군 비봉리에선 통나무배 2개가 발견됐어. 연대를 확인해
보니 그것도 신석기시대의 유물이었지."

미영은 아이들이 다소 복잡하고 재미없을 이야기에도 흥미를
가지며 집중하는 모습을 흐뭇하게 바라보았다. 삼식과 같이 살기
싫어했던 1년 전과는 사뭇 다른 모습이었다.

"엄마, 그럼 고대의 선원들은 어떻게 육지를 찾았어요? 지금처
럼 고도화된 해양술을 가지고 있을 리 없었을 텐데요."

"주변의 자연 지물을 이용해서 어느 정도 예측이 가능했어. 이

에 관해 여러 기록들이 존재하는데 내용들을 요약해 보자면 크게 두 가지야. 발 밑의 바닷물과 머리 위 하늘을 관찰하는 것이지. 예를 들자면 바다 물결의 형태나 물의 빛깔, 혹은 하늘 위의 구름과 새의 위치를 통해서 말이야."

"바닷물과 하늘이요? 그 두 가지만으로 육지의 위치를 가늠할 수 있다고요? 어떻게 그게 가능하죠? 새들이야 육지 가까운 곳에서 날고 있을 테니까 알 수 있다지만, 바닷물의 빛깔이나 형태, 구름은 어딜 가나 같은 모습 아니에요?"

"그렇지 않아. 가령 바닷물의 빛깔은 물의 깊이에 따라 다르게 보이고, 오르락내리락거리는 너울의 형태도 육지와의 거리에 따라 다르게 보이지. 어디 그것뿐인 줄 아니? 하늘에 떠 있는 구름의 양역시 육지와 가까울수록 많아진단다."

"알 듯 말 듯하면서도 확 와 닿지는 않네요. 예를 들어서 차근차근 설명해 주세요."

"좋아. 첫 번째로 바닷물의 빛깔부터 가볼까? 너희 계곡이나 바다에 놀러 갔을 때 가만히 물을 바라본 적이 있을 거야. 그때 바닷물의 빛깔이 어땠는지 혹시 기억나니? 수심이 깊은 곳은 어두운 빛깔, 얕아질수록 점점 밝아지면서 옅어졌지?

그렇다면 지금의 우리가 느끼는 바닷물의 빛깔과 과거 우리 조상들이 느꼈던 빛깔이 달랐을까? 당연히 아니겠지. 1488년 어느 날, 제주도 근처 지역에서 조난을 당한 최부라는 문신이 있었어. 그는 장장 29일 동안이나 넓디넓은 바다를 헤맨 끝에 드디어 중국 저장성 해안에 도착했지. 이때 그는 바다를 떠돌면서 관찰한 바닷물의 빛깔을 기록해 두었어. 위치에 따라 바닷물의 빛깔이 달랐거든. 짙푸른 색부터 청색, 적색에 이르기까지 다채로웠지. 그보다 훨씬 앞선 고대의 원시인들 역시 같은 바다 빛깔을 봤던 게 분명해."

물의 깊이에 따라 우리가 인지하는 빛깔이 다르다는 거군요. 생각해 보니 정말 그랬던 것 같아요. 그런데 우리는 왜 물을 여러 색으로 인식하는 거예요?"

이런 빛깔의 변화는 빛의 파장 변화 때문이야.
아까 횟집에서 정음이가 저녁에 하늘이 붉게 물드는 이유를 설명했던 원리와도 상통해. 우리가 주변의 사물을 눈으로 볼 수 있는 건 알다시피 가시광선이라는 눈에 보이는 빛 덕분이야. 물건에 반사된 빛이 우리 눈에 들어와 빨간색, 노란색, 초록색, 파란색으로 보이는 거지.
이 가시광선은 색깔에 따라 가지고 있는 에너지가 달라.
빨간색은 약한 에너지를 갖고 있는 반면, 파란색은 큰 에너지를 가지고 있어. 이 에너지 크기의 순서는 우리가 알고 있는 무지개 빛깔의 순서와 동일해.

빨, 주, 노, 초, 파, 남, 보!

응. 무지갯빛 순서로 에너지가 커져.
그래서 하늘 높은 곳에서 출발한 가시광선들이 바다에
도달하면 그 순서대로 잠수 깊이가 달라지지.
빨강보다는 주황이, 주황보다는 노랑이, 노랑보다는
초록의 가시광선이 물속 깊이 내려가. 잠수 시합의 승자는
에너지가 가장 큰 보라색이지. 고대인들은 이런 가시광선의
에너지 크기에 따른 바다 빛깔의 변화를 파악해서 어두우면
깊은 곳이고 상대적으로 푸른빛을 잃고 붉어지면 가까운 곳에
육지가 있다고 판단했던 거야. 물론 당시엔 왜 그런지 이유를
알 수는 없었겠지만 관찰과 경험만으로도 육지의 위치를
알아낼 수 있었을 거야.

그렇군요! 그럼 바닷물이 오르락내리락거리는 형태는요?
너울이라고 했던가요?

그래, 너울. 너희가 고대 선원이 됐다고 가정해 볼까?
너희는 생선이 너무 먹고 싶어서 바닷가로 향했어. 첨벙!
무턱대고 바다로 뛰어들었지. 물고기를 찾으려고 가만히

바닷물을 들여다보고 있노라니 희한한 게 보였던 거야.
찰랑찰랑 잠긴 무릎 근처의 물살 형태가 다른 곳과는 약간
달랐던 거지. 똑똑한 너희는 이유를 금방 알아차렸어. 흘러
들어온 물이 무릎에 부딪혀 튕겨나갔던 거야.

아! 육지와 가까워지면 물살의 흐름, 즉 너울의 형태가
달라지는 거죠? 땅에 부딪혀 튕겨나온 것들 때문에요.

바로 그거야. 어떤 경우에는 기존 파도의 형태와
동일한가 하면, 동그란 원형의 모습으로 보일 때도 있었지.
고대인들은 배를 타고 나가 파도가 되돌아 나오는 곳으로
향했어. 그리고 그곳엔 분명 육지가 있었을 거야.

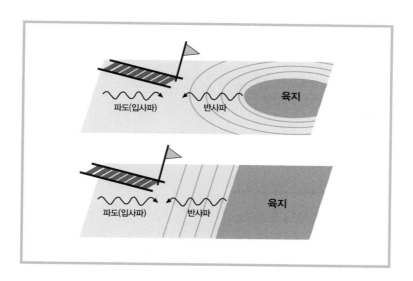

괴짜 과학자의 지구 멸망 시나리오

파도가 평행하게 되돌아 나올 때는 평평한 땅이 있었으며, 동그랗게 되돌아 나올 때는 조그만 섬이 있었겠지. 반사되어 나오는 물결의 중심에는 항상 육지가 있었어. 물결파의 반사! 그들이 육지를 찾을 수 있었던 강력하면서도 직관적인 방법이었지.

 정말 강력하면서도 가장 직관적인 방법이네요.

 그다음 방법이 뭐였죠? 아! 구름의 양! 구름의 양은 왜 육지 근처의 하늘과 바다 근처의 하늘에서 다른 거예요?

 그건 흙보다 물의 비열이 훨씬 높다는 과학적 사실에서 비롯된 거야. 자, 여기를 봐. 여기가 육지야.

삼식이 모래를 살짝 쌓아 작은 언덕을 만들었다. 그리고 그 주변의 흙을 고르게 펴며 이곳이 바다라고 했다.

 일반적으로 흙이 물보다 몇 배는 빨리 온도가 올라가. 따라서 낮에는 육지의 온도가 빨리 올라가. 덥혀진 육지의 공기가 위로 상승하니 구름이 쉽게 형성돼. 이러한 사실을 토대로 과거 사람들은 육지가 있는 곳 근처 하늘에는 구름이 많고, 바다로 둘러싸인 곳의 하늘에는 구름이 적었음을 알았지.

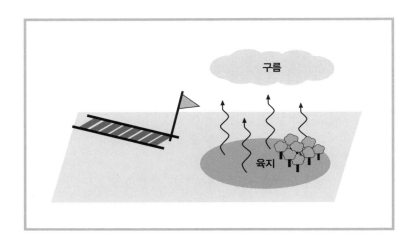

그럼 육지의 온도가 더 빨리 올라가 낮에는 바다에서 육지를
향해 바람이 불잖아요. 만약 뒤에서 바람이 불어온다고 하면
저 앞 어딘가에 육지가 있다는 뜻이고, 반대로 앞에서 바람이
불어온다고 하면 뒤쪽 어딘가에 육지가 있다는 뜻이겠네요.

역시 공정음, 척하면 척이구먼.

이번엔 잠자코 삼식의 이야기를 듣고 있던 훈민이가 나섰다.
"우리 역사 속에 실제로 남아 있는 항해 기록은 없어요, 삼촌?"
역사에 대한 포인트에선 훈민이가 그냥 넘어갈 수가 없었던 듯
했다. 이번엔 미영이 나섰다.

"우리의 기록 속에 남아 있는 항해술은 고조선의 준왕이 처음이 아닐까 싶어. 우리나라의 역사에서 청동기와 철기 시대를 함께 했던 시기는 고조선이야. 우리 역사학계에서도 인정하는 인물인 위만은 중국에서 넘어온 인물이었어. 당시 고조선의 임금은 준왕이었는데 위만의 모반으로 나라를 넘겨주고 말았어. 중국의 기록인 『삼국지 동이전』에 따르면 이때의 준왕은 위만에게 패해 한반도 남쪽으로 이동하여 '한韓'의 왕이 됐다고 하는데, 바로 이때 그가 배를 타고 남쪽으로 내려온 것이 아니냐는 주장이 있지.

하나씩 따져 가며 생각해 보자. 준왕은 위만에게 크게 패해 소규모의 병력만을 이끌고 급히 남쪽으로 내려왔어. 북쪽의 험난한 산길을 따라 내려왔을까? 무거운 짐들을 가지고 자신을 지키는 호위대 수십 명과 조용히 내려올 수 있었을까? 당시 북쪽에서 남쪽에 이르기까지엔 큰 세력이 없었다곤 하지만 토속 세력이 만든 작은 집단도 있었을 거야. 어떻게 해서든 몰래, 은밀하게 이동해야만 했어. 그렇기에 북쪽의 산길을 따라 말을 타고 내려오진 않았을 거야. 그렇다면 배를 타고 이동했다는 게 더 신빙성이 있겠지."

"당시 다른 나라의 항해 기술은 어느 정도였나요?"

훈민이가 몸을 앞으로 쭈욱 수그리며 물었다. 그 바람에 다리에 모래가 잔뜩 들러붙었지만 신경 쓰지 않았다.

준왕이 남쪽으로 내려오던 시기에 중국은 춘추전국 시대를 맞이하고 있었는데 기록에 따르면 이미 장기간 항해가 가능한 규모의 대형 선박이 있었다고 해. 계절풍까지 이용했을 정도로 항해술 또한 뛰어났다고 하지.

 그럼 우리에게도 그에 준하는 항해술이 있었을 것이라 추측해 볼 수 있겠네요.

 그런데 계절풍이라 하면 일본으로 향하는 바람 아니에요?

중간에 정음이가 끼어들었다. 훈민이는 역사에, 정음이는 과학에 눈이 번쩍이는 걸 보고 두 사람의 취향이 정말 다름을 깨달은 미영이 잠시 웃었다.

"중국과 한반도에서 배를 타고 일본으로 간 사람들도 있었어. 그에 대한 증거로 20여 년 전, 일본의 인류학자 하니하라 가즈로가 집필한 『일본인의 뼈와 뿌리』라는 책을 들 수 있지. 일본에 살고 있는 원주민들의 두개골을 비교 분석한 책인데 이 책에 따르면 현재 일본 땅에 살고 있는 이들은 대부분 외부 지역에서 넘어온 이들의 후손이며, 이들 중에는 한반도 땅에서 넘어온 이들도 있다고 해. 실제로 기원전 3세기부터 이후 1,000년 동안 일본 대륙에는 어마어마한 수의 외부인이 찾아왔어. 이는 원래 살고 있던 사람의 수보다 훨

썬 많은 숫자였고 서부 지역에는 전체 인구의 무려 80~90%나 될 정도였지. 수백 년이 지난 지금, 대부분은 외국 항해자들의 후손이라는 거야."

"일본의 근원에 우리나라 사람들이 있다니…. 그럼 우리나라 기록에는 그런 이야기가 없나요?"

"비슷한 게 하나 있어. 우리나라 설화인 연오랑과 세오녀 이야기야."

"어? 연오랑과 세오녀 이야기라면 동해안에 살던 연오랑이 바닷가에서 해조를 따다가 갑자기 바위가 움직이는 바람에 일본으로 건너갔다는 이야기잖아요! 맞다, 그 설화에 따르면 연오랑이 일본에 가서 왕이 되었죠. 아니 땐 굴뚝에 연기가 날 리 없다는 말처럼, 실제로 우리나라 사람이 일본으로 간 일이 있었기에 그런 설화가 전해진 걸지도 몰라요."

훈민이가 흥미롭다는 듯 말했다. 그러고는 곰곰이 자신이 알고 있는 다양한 시대의 설화들을 생각하다가 뭔가 떠오른 듯 손뼉을 짝 쳤다.

"백제가 세워진 것도 관련이 있지 않을까요? 고구려에 주몽의 친아들 유리가 나타나자 온조와 비류가 엄마인 소서노와 함께 남쪽으로 내려온 거잖아요. 새로운 나라는 절대 한두 명의 힘만으로 세워지지 않아요. 당시 온조, 비류, 소서노는 왕족 중에서도 제일가는 주몽의 가족들이었어요. 고구려에서 내려올 때 육로로 힘들게 내려가지 않고 배를 타고 내려갔을 수도 있어요. 그들의 정착지가 인천과 한강인 것도 이를 뒷받침하고요."

"맞아. 당시의 기록인 중국의 『수서』에는 '백제'라는 이름이 '백가제해百家濟海'의 줄임말이라고 적혀 있단다. 한자어 그대로 해석하자면 '100개의 집안이 바다를 건너왔다.'는 뜻이야."

"딱 맞아떨어지네요!"

죽이 척척 맞는 미영과 훈민이의 모습을 삼식은 웃으며 바라보았다. 반면 정음이는 처음 보는 엄마의 모습에 놀라워하고 있었다. IT업계에서 잘나가는 커리어우먼인 미영은 평소에는 과학 전문 서적을 자주 읽었는데 오늘처럼 역사 지식을 뽐내는 건 처음이었기 때문이다. 정음이는 삼식에게 조용히 물었다.

"삼촌, 울 엄마 어릴 때 역사 잘했어요?"

"몰랐냐? 엄마가 역사를 복수전공한 거? 공훈민이 역사 좋아하는 거, 자기 엄마 쏙 빼닮은 거야. 그리고 네가 과학 과목을 잘하고 좋아하는 것도 네 엄마 닮은 거고. 쌍둥이가 엄마를 반반씩 닮은 거지."

삼식이의 말에 정음이가 씨익 웃었다. 네 사람 모두 조용히 바다를 향해 시선을 돌렸다. 조금은 세진 파도가 눈앞에 넘실거렸다. 문득 정음이는 몇 년 전 나라를 슬픔에 빠뜨린 사고가 생각났다.

괴짜 과학자의 지구 멸망 시나리오

그러고 보니… 세월호 사고가 난 지점도 전남 진도의
남해안이었죠.

 그 옛날부터 나침반 없이 육지를 찾고 머나 먼 나라로 이동할
수 있었던 우리인데… 장보고라는 해상의 왕까지 있었던
우리인데, 어째서 그런 사고가 났는지 아직도 이해가 안 가요.

 맞아. 그때에 비해 지금 항해술이 떨어질 리가 없는데 어째서
그 큰 배가 침몰하고 수많은 사람이 목숨을 잃어야 했는지
모르겠어. 남해의 섬들 사이에 물살이 급격히 빨라지는 곳이
있다는 걸 배를 모는 사람들이 몰랐을 리가 없잖아.

 그러게나 말이다.

 지금까지 다양한 멸망 시나리오를 생각하고 연구하면서
자연 재해나, 발생이 어느 정도 예상되는 사건들에 대해서는
나름대로 대비가 된다고 해도 '인간의 부주의'에 의한 대형
사고는 절대 예측도, 대비도 되지 않는다고 생각해.
적재물 과다, 구조 과정 중의 숱한 오류와 실수 같은 건
아무리 연구해도 예측하기 어려워….

　인간의 부주의에 의한 사고들은 멸망이라는 측면에서 보면 아
무리 대형 사고라고 해도 인류가 전멸하는 일은 아닐 수도 있다. 하

지만 그런 작은 사고가 모여 결국 인류에 큰 문제가 생길 수도 있다. 작은 부주의가 쌓여서 큰 멸망의 신호탄을 날릴 수 있는 것이다.

가장 무서운 멸망 시나리오이자 가장 가능성이 높은 멸망 시나리오는 인간의 안일함에서 오는 사고들이 아닐까.

미영의 말에 남매는 고개를 끄덕였다. 그렇게 네 사람은 한동안 검은 밤바다를 바라보았다. 아직도 잊을 수 없는, 바닷물이 앗아간 영혼들을 떠올리고 위로하면서.

**단행본**

김덕진 저, 『대기근, 조선을 뒤덮다-우리가 몰랐던 17세기의 또 다른 역사』, 푸른역사, 2008년

나오미 클라인 저, 이순희 역, 『이것이 모든 것을 바꾼다-자본주의 대 기후』, 열린책들, 2016년

브라이언 페이건 저, 김맹기·이승호·황상일 공역, 『완벽한 빙하시대-기후변화는 세계를 어떻게 바꾸었나』, 푸른길, 2011년

소원주 저, 『백두산 대폭발의 비밀-한국 고대사의 잃어버린 고리를 찾아서』, 사이언스북스, 2010년

윤명철 저, 『한국 해양사-해양을 코드로 해석한 우리 역사』, 학연문화사, 2014년

이원복 저, 『지리를 알면 한국사가 보인다 6-전라. 제주』, 김영사, 2016년

이효형 저, 『발해 유민사 연구』, 혜안, 2007년

임용한 저, 『전쟁과 역사-삼국 편』, 혜안, 2001년

임재서 저, 『크라카토아-1883년 8월27일 세계가 폭발하다』, 사이언스북스, 2005년

장홍제 저, 『원소가 뭐길래-일상 속 흥미진진한 화학 이야기』, 다른, 2017년

정진술 저, 『한국 해양사 고대편』, 경인문화사, 2009년

최재용 저, 『우리 땅 이야기-역사와 어원으로 찾아가는』, 21세기북스, 2015년

프레드 싱거·데니스 에이버리 저, 김민정 역, 『지구온난화에 속지 마라-과학과 역사를 통해 파헤친 1,500년 기후 변동주기론』, 동아시아, 2009년

휴 앨더시 윌리엄스 저, 김정혜 역, 『원소의 세계사-주기율표에 숨겨진 기상천외하고 유쾌한 비밀들』, 알에이치코리아, 2013년


**논문**

김문기, 「17세기 중국과 조선의 재해와 기근」, 『이화사학연구』 제43집, 2011년

「과학동아-핵융합」, 『동아사이언스』, 12월호, 2014년

윤성효, 「백두산의 역사시대 분화 기록에 대한 화산학적 해석」, 『한국지구과학회』 제34
    권 6호, 2013년
이규근, 「조선후기 질병사 연구-『조선왕조실록』의 전염병 발생 기록을 중심으로-」,
    『국사관논총』 제61집, 2001년
崔鈗植, 「〈佛國寺西石塔重修形止記〉의 재구성을 통한 불국사 석탑 중수 관련 내용
    의 재검토」, 『진단학보』, 2008

사진 출처
불국사 벽면 ©Tae Hoon kang
원자로 구조도 ©Fireice
KSTAR ©Michel Maccagnan
백두산 천지 ©Farm

**시나리오 1**  **진동, 흔들리는 판**

중학교 1학년　판구조론과 지각 변동
중학교 2학년　빛과 파동

**시나리오 2**  **폭발, 카운트다운**

중학교 1학년　상태 변화와 에너지
중학교 2학년　물질의 구성
중학교 3학년　물질의 특성

**시나리오 3**  **포효, 백발 괴물**

중학교 1학년　힘과 운동, 물질의 세 가지 상태, 분자의 운동, 식물의 영양,
　　　　　　　지각의 물질과 변화
중학교 2학년　열에너지, 물질의 구성
중학교 3학년　대기의 성질과 일기 변화, 일과 에너지, 전기, 전해질과 이온

**시나리오 4**  **변덕, 온난화와 빙기**

중학교 1학년　힘과 운동, 물질의 세 가지 상태, 분자의 운동, 상태 변화와 에너지,
　　　　　　　식물의 영양, 생물의 구성과 다양성
중학교 2학년　빛의 파동, 열에너지, 우리 주위의 화합물, 태양계
중학교 3학년　해수의 성분과 운동, 대기의 성질과 일기 변화

**시나리오 5**  **함정, 바다와 육지**

중학교 1학년　물질의 세 가지 상태, 분자의 운동, 상태 변화와 에너지,
　　　　　　　판구조론과 지각 변동
중학교 2학년　빛과 파동
중학교 3학년　일과 에너지, 자극과 반응, 대기의 성질과 일기 변화

223

## 괴짜 과학자의 지구 멸망 시나리오

초판 1쇄 발행 2018년 10월 20일
5쇄 발행 2021년 1월 30일

**지은이** 스코 박사, 박지선
**발행인** 이선애

**디자인** 디자인 잔
**감수** 류채형
**일러스트** 이지은
**크로스 교정** 김동욱
**발행처** 도서출판 레드우드
**출판신고** 2014년 7월 15일 (제25100-2019-000033호)
**주소** 서울시 구로구 항동로 72, 하버라인4단지 402동 901호
**전화** 070-8804-1030  **팩스** 0504-493-4078
**이메일** redwoods88@naver.com
**블로그** blog.naver.com/redwoods88

값은 뒤표지에 있습니다.
ISBN 979-11-87705-11-6 (43400)

ⓒ 스코 박사, 박지선, 2018